城市空间导向信息系统规划与设计

刘朝晖　著

机 械 工 业 出 版 社

本书从与信息传达相关的认知行为特征、环境行为特征、信息传达原理、导向信息构成要素等概念的了解、分析入手，结合城市规划与管理定位，落实到对导向信息与城市公共环境的空间构成、载体结构和图形界面设计之间关系的研究，通盘考虑信息、信息环境和信息接收者之间的整体关系，根据导向信息环境和寻路者之间呈现的变化状态，提出基于城市环境空间主导的导向信息设计方法论。本书适合城市规划、城市管理、环境设计、产品设计、视觉传达等专业相关人员参考。

图书在版编目（CIP）数据

城市空间导向信息系统规划与设计 / 刘朝晖著. —北京：机械工业出版社，2019.6

ISBN 978-7-111-63166-8

Ⅰ. ①城…　Ⅱ. ①刘…　Ⅲ. ①城市空间—信息系统—系统规划②城市空间—信息系统—系统设计　Ⅳ. ① TU984.11

中国版本图书馆 CIP 数据核字（2019）第 138343 号

机械工业出版社（北京市百万庄大街 22 号　邮政编码 100037）
策划编辑：赵　荣　责任编辑：赵　荣　高凤春
责任校对：张　力　封面设计：鞠　杨
责任印制：孙　炜
北京联兴盛业印刷股份有限公司印刷
2019 年 9 月第1版第 1 次印刷
184mm×260mm・11.75 印张・245 千字
标准书号：ISBN 978-7-111-63166-8
定价：79.00 元

电话服务
客服电话：010-88361066
010-88379833
010-68326294

网络服务
机　工　官　网：www.cmpbook.com
机　工　官　博：weibo.com/cmp1952
金　书　网：www.golden-book.com
机工教育服务网：www.cmpedu.com

前言

空间导向信息由数据文本、图形符号、信息载体组成，涵盖了三种现象——数据、信息和知识。其中，数据是对目标区域中环境空间状态的界定和反映；信息是将数据完成合目标的加工和组织；信息经过传播与人们原有的认知经验结合以后就形成了知识，知识不仅要解决信息传达的问题，还要进一步完成对信息的解读，并掌握新的知识，这些现象是不能单独分开研究的，更不能脱离最根本的空间环境的影响。

导向信息设计是对环境空间方位信息进行类型和内容上的组织，并转换为可视化的图形信息，来辅助寻路者掌握并使用。导向信息设计要了解寻路者的感受和需求，要明白寻路这样一个认知过程应以城市空间为基础，寻路者已知的心理认知地图是城市空间维度中信息处理过程的一部分，是对环境空间感知和认知的记录，是判断和行动的信息来源。最终以此为依据来确立哪些信息是重要的，如何确立层级与点位布局，采用什么形式的视觉转换等基本的设计逻辑与策略。

目前针对城市空间导向信息的设计主要体现在通过对图形符号的处理，基于视觉表现的需要而非信息传达精准的目的，这种信息处理方法容易忽略人的感觉、知觉、记忆、联想、思维和情感等因素的影响与作用，也缺乏对信息的构成机制、构成要素、传播原理和信息环境特征的判断，非但不能很好地解决寻路的信息传达与环境空间认知问题，还容易产生冗余信息并造成视觉污染。基于此，本书将从与信息传达相关的认知行为特征、环境行为特征、信息传达原理、导向信息构成要素等概念的了解、分析入手，结合城市规划与管理定位，落实到对导向信息与城市公共环境的空间构成、载体结构和图形界面设计之间关系的研究，通盘考虑信息、信息环境和信息接收者（寻路者）之间的整体关系，根据导向信息环境和寻路者之间呈现的变化状态，提出基于城市环境空间主导的导向信息设计方法。

刘朝晖

目录

第1章

信息时代的城市环境空间纵观

1.1 城市空间的迷失

世界上一半以上的人群每天都在城市中密布的道路街巷之间往返，在复杂封闭的建筑空间内游走，在熙熙攘攘的人群里穿梭，时刻都会遇到出行寻路的问题。人们从小时候就逐渐开始学习简单的寻路技能，但并非所有的寻路过程都那么顺利。通常，因为人们多数时间都身处自己相对熟悉的环境中，与生俱来的环境适应能力不会产生不安，加上依靠长期对所生活环境的熟识所形成的寻路经验，会随着时间的积累逐渐转变为判断力，所以寻常情况下的日常出行不会成为人们生活的负担。但假如我们来到一个陌生的环境，可能会在很多时候费尽周折却还是迷失方向，因找不到目的地而倍感焦虑。这种糟糕的情况经常发生在一些环境复杂且体量较大的公共空间里，人们必须依靠反复观察、通过强制记忆来记住空间环境的关键特征，大大增加了出行的难度和成本。而当无法判定自己的确切位置时，迷失方向的感受会让我们心生畏惧，此时会迫切盼望着导向信息给予明确的指引和信心（图1-1）。

图1-1 迷失的城市

暧昧的城市空间环境会给人们的出行造成不便甚至是伤害，但产生困难的原因绝不只是庞大的城市空间体量与复杂的环境因素本身的问题，环境空间特征信息的合理规划与精准传达对寻路过程的影响才是关键，所以导向信息就成为人与环境进行联系和交流的重要工具，城市空间导向信息系统正是为解决这些问题而建立的。此外，随着对灾害危机认识的不断提高，以及在面对自然灾害和突发危险的抢险救援过程中因导向信息模糊或缺失而产生的次生灾害，人们已经意识到，在目前我国城市导向信息系统的实施尚滞后于城市公共基础设施建设、变成日常生活中的短板的现实情况下，不仅会导致人们认知与生活的障碍，还将造成城市运转效率的弱化，最终危及社会秩序的稳定，因此迫切需要建立科学、规范的城市空间导向信息系统。

1.2 城市的形成与演变

人类自诞生之日起，出于天性与生存的需要，必须始终保持与外部环境的密切联系，努力地适应自然世界，改善自身的生存条件。在这一过程中，人与人、人与物、人与环境之间的相互作用，都直接影响空间环境的状态和人类自身的安全。从原始社会的狩猎区域、奴隶社会的部落领地到封建社会的城邑疆界，人类始终生活在以不同文化特征、组织模式、社会形态和生产关系等因素划分的圈层中，奉行的是分层式的关系架构，并逐渐形成了今天的城市形态和国家形态，人类最早产生的城市本身也具有“国家”的意味（图1-2）。

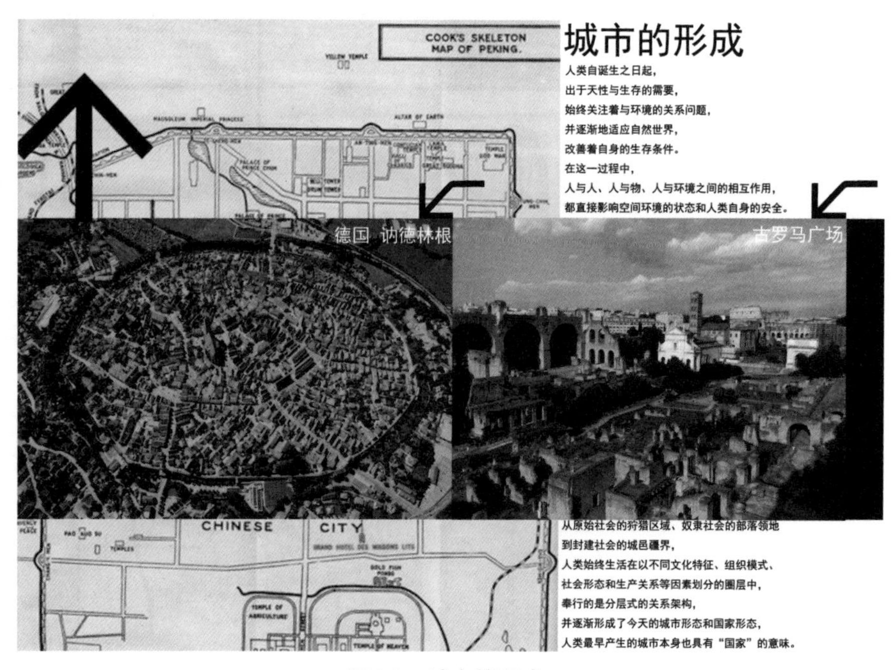

图1-2 城市的形成

1.2.1　城市的定义

按照一般定义，城市是指具有一定特征的、有地理边界的、按国家行政建制设立的直辖市、市、镇。它是以一定人口规模为支撑的、以非农业人口为主的交易中心和聚居中心。城市是人类文明和进步的重要标志，它集成了人类智慧的精华，对人类文明的进程起着非常重要的作用（图1-3）。

图1-3　城市鸟瞰

1.2.2　城市的形成

城市的形成主要是在由原始社会向奴隶社会过渡的历史阶段，因为人类社会的第二次劳动大分工而逐步产生的。它与阶级的出现和科学技术的发展密不可分，按照马克思主义的学说，“城市是社会生产力水平发展到一定阶段的产物”。建筑历史学家斯皮罗·科斯托夫在《城市的形成：历史进程中的城市模式和城市意义》一书中也曾强调，“在人类所有的创造物中，城市是最持久和最卓越的”。

从自然属性上理解，人是环境的主体，有衣食住行的基本需求，人对物质不断追求的结果就是造成自然环境的变异；从哲学层面上理解，人具体的生活于客观世界中，是社会、自然、意识的集合体，具有自然和社会的双重属性，这种属性决定了人类强烈的集聚、组织和社交的需求，其行为不可避免地要与周围环境产生各种各样的关系。马克思曾说过：“……人的本质不是单个人所固有的抽象物，在其现实性上，它是一切社会关系的总和。”所以城市不仅是人类基本的生存空间，也是人类文明进步的重要标志，而作为城市空间组成要素的导向信息系统是服务于人的寻路需求，建立人与环境之间和谐共生的信息交流工具，也是城市高效有序运转的现实需求（图1-4）。

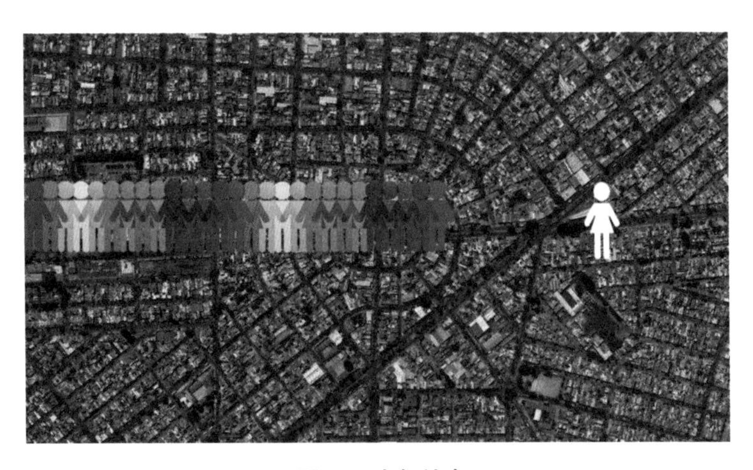

图1-4　人与社会

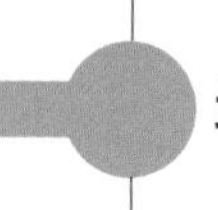

1.2.3 城市化与超级城市

1. 城市化

城市化是指一个国家或地区随着生产力水平的提高、科学技术的进步以及经济结构、产业布局的调整，农村逐步向城市演变，农村劳动力大量向城市迁徙，城市人口不断增长，生活方式与价值取向和消费观念随之发生转变的过程中，造成城市容量进一步扩大，城市基础与公共服务设施持续改善，城市文化和城市价值观成为主流并呈现出加速向农村扩散的趋势。

资料显示，目前全世界的人口中已经超过52%居住在城市之中，预计到2050年将上升至70%，这反映出城市化已经成为全球不可阻挡的趋势，城市化是现代文明发展的必然结果。我国到2015年底城镇人口初步统计为约7.7116亿人，城镇人口占总人口比例达到56.10%，比上年末提高1.33个百分点，这个比例还在持续增加。

2. 超级城市

超级城市是城市化进程中城市的空间体量和容量达到一定程度的必然产物。它有着全世界最稠密的人口积聚、最庞大的产业集群、最快捷的生活节奏、最忙碌的城市交通系统以及最复杂的信息网络。20世纪80年代逐渐诞生了像墨西哥城、东京、纽约以及北京、上海这样的常住人口超过2000万的超级城市，它就像一部高速运转的巨型机器，作为生活在其中的每一个人都是这个运转系统中一个微小的环节，所有生产和生活都时刻围绕着它来进行（图1-5）。

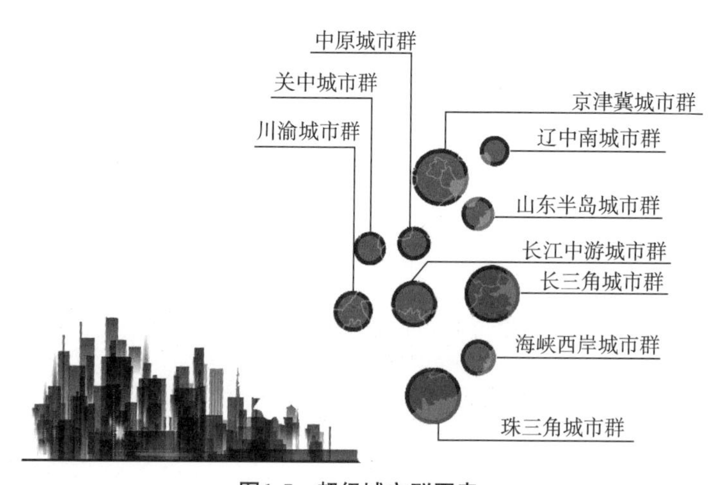

图1-5 超级城市群图表

1.2.4 智能城市

1. “消息树”的启发

一本反映抗日战争主题的连环画《鸡毛信》中曾有这样一个情节：敌后根据地的

百姓为对付日本鬼子的扫荡，在每个村子附近的山头上都放置一棵高大的枯树干，百姓称为“消息树”，由村民每天在此轮流值守瞭望。当日本鬼子逼进村口时，最先看到的村民会立刻把枯树十放倒，树尖指向哪个方向，相邻村子的“消息树”也会朝着哪个方向放倒，以此表明敌人从树尖所指的方向来了，其他看到“消息树”的村民就可以依次互相告知及时准备疏散和应对，村村如此。由于“消息树”很高易识别，也无须点火，不易被鬼子发现，情况稳定后还可以把“消息树”重新立起继续使用，效果很好，因此成为广泛推广的暗号（图1-6）。

图1-6　消息树

现在琢磨一下，这个故事中的“消息树”其实就是特定时期、特定环境中典型的信息传播工具。在城市空间中，不仅仅是视觉上，包括声音、气味和触摸等感知方式，在与人的相互作用中被符号化并起到传达信息的功能时，都具有成为“消息树”的可能。现代城市空间导向信息系统就像一棵棵“消息树”，由点成线，由线成面，纵横捭阖，最终编织形成庞大有序的信息传播网，将空间环境与人的出行寻路紧密地联系在一起，帮助人们更快捷、更准确地识别、感受复杂多样的城市空间（图1-7）。

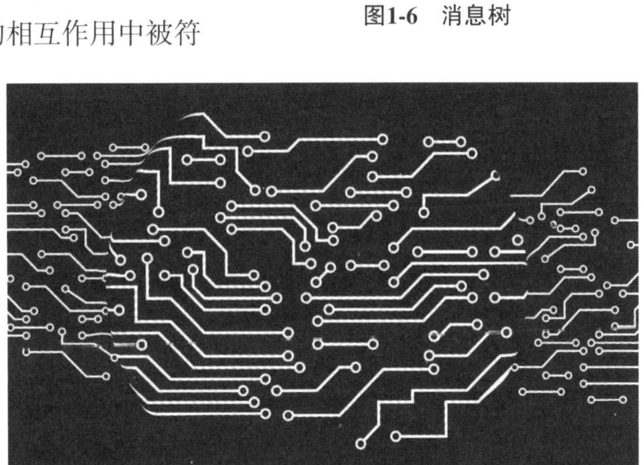

图1-7　信息传播网

2. 科技改变生活

“仰望星空、脚踏实地”，这极富诗意的词句对于我们的祖先来说，却意味着生存状态的写照。人类与其他动物一样有着共同的生物学特征和自然属性，都不能把自己孤立于自然和社会环境之外。在远古时期，出于生存的需要，人类在与自然和社会进行接触的过程中，会时刻面临着判断方向、确定目标这样的局面，这些也是人类基本的生存与生活需求。我们的祖先或通过对自然界中植物的年轮、树枝的疏密、动物足迹和气味类型判断方位；或通过鲜明的地形地貌特征来确定方位；或通过观察深邃夜空中的星座来辨别方位。“早晨出门看太阳，晚上回家看北斗”，从这句谚语中可以看出日月星辰在当时是人们确定时间和方位的重要参考坐标。随着人类认识和适应自然环境能力的提高，陆续发明了如“司南”“罗盘”“日晷”以及像郑和下西洋时用于在海上航行时辨别方位的“二十四山方位图” 和“海洋定位星象图”等计时与测向工具，这些古老原始的定位手段，基本原理是依靠自然界中各种现象的形态和运行规律，结合人造工具来完成相应的方位识别，这些方法也就成为最早期的导向信息范例。在伦敦大英图书馆展出过一千三百多年前我国天文学家绘制的一张星象图，这不仅是世界最早的天象图，其精确程度也超越一千年后欧洲的天象图（图1-8）。

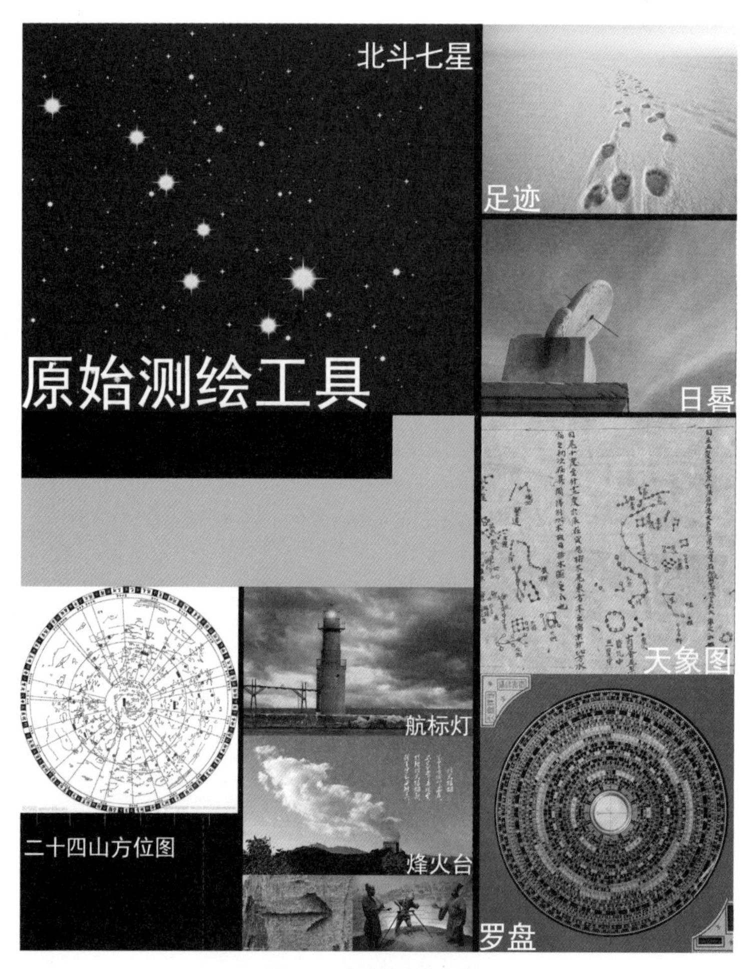

图1-8　原始测绘工具

社会的发展和生产力水平的提高，人类彼此之间的联系愈加密切，逐渐形成了高度的组织性和社会性，沟通和交流的方式也越来越多元化，人们辨别方位的方式与手段也产生了巨大的进步。特别是到了现代社会，人类发明了通过经纬坐标来测定方向，利用无线电测向、航空遥感、全球卫星定位系统（GPS）等现代测向设备实施定位、导航，尤其是以全球卫星定位系统为代表的现代高技术导航仪器，集地图查询、目标搜索、方位信息记录与共享、路线规划、自动导航等强大功能于一身，极大地满足了人类出行对方向导引的需要（图1-9）。

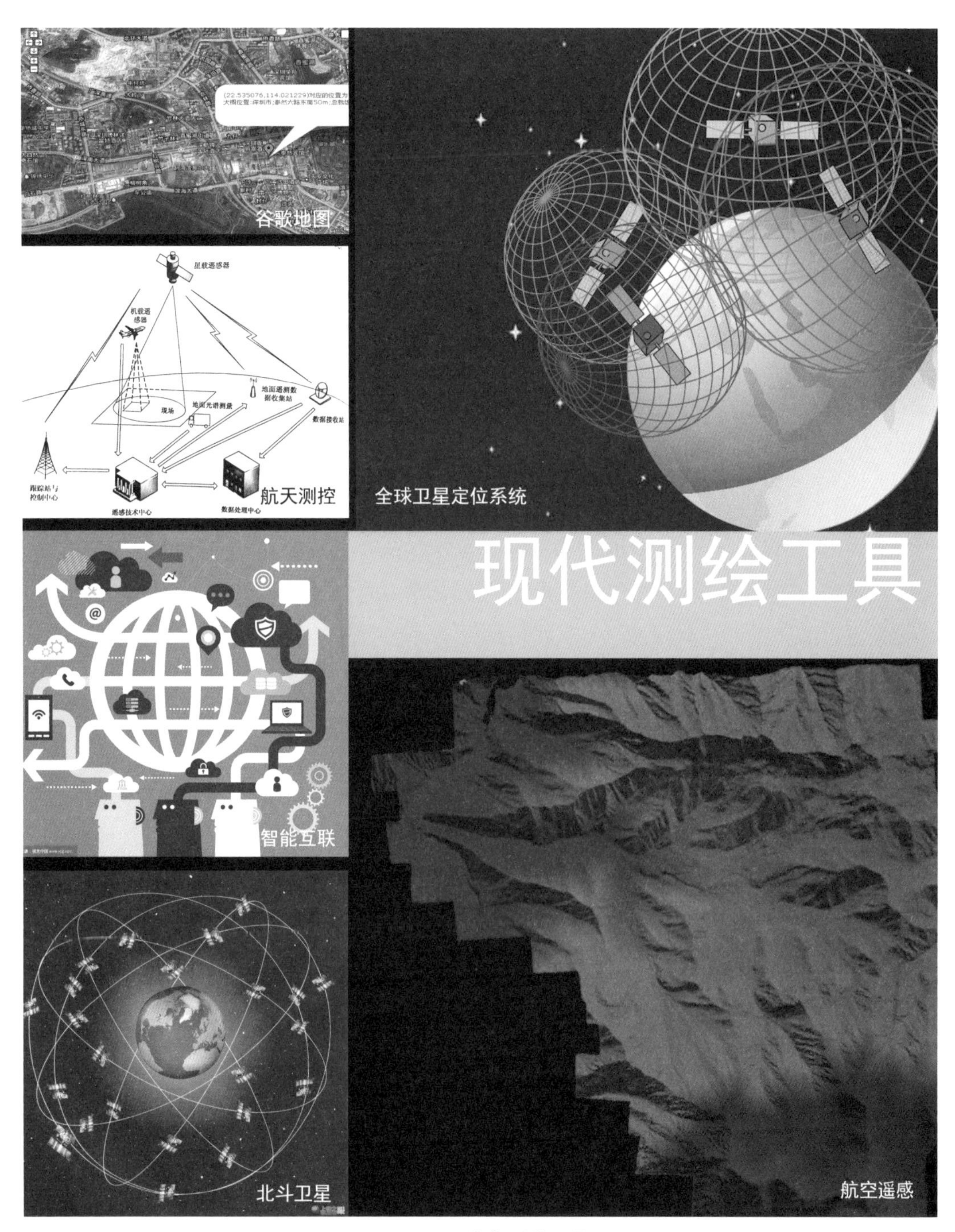

图1-9　现代化测绘工具

3. 智能城市

智能城市也称为智慧城市、数字化城市等，它是新一代信息技术支持下的新型城市形态，是建设现代城市公共服务体系的重要战略。智能城市不仅仅包括人类智能、信息网络、计算机设备等基础要素，更重要的是能够形成新的经济产业结构、经济增长方式和社会生活方式（图1-10）。

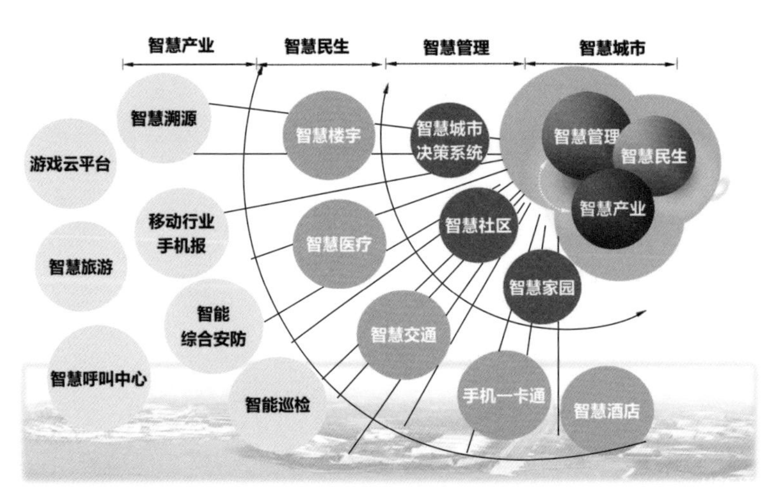

图1-10　智慧城市框架

4. 数字地图与城市智能信息服务平台

数字地图的出现为城市打造网格化数字互联信息服务平台，为人们的工作、学习、生活、旅行等活动的出行寻路提供了便捷的数字化与信息化手段，包括面向城市居民实施电子政务资讯、商务资讯、文化生活资讯、地图查询、交通路况等社会、文化和经济事件的信息发布，是基于智能城市模式下，以街道、社区、路街为区域范围，通过城市网格化管理信息系统，实现全域联动、资源共享的一种城市管理新模式。数字地图的信息平台支持在二维、三维地图和卫星地图上进行市、区、街道、社区、小区、楼栋、房屋等信息的标注并可以自动和数据库的人口、路况变化等实时数据进行挂接，可实现自主游览、自动游览和导游功能。

城市空间导向信息系统是形成城市网格化数字互联信息服务平台的重要基础信息，是公众与城市公共环境之间重要的信息沟通手段。城市空间导向信息系统的规划、设计与实施必须依托城市空间环境这一最基础的载体，因此需要对城市的功能特征与作用、公共服务管理方式以及与之相关的机制进行基本的了解，才能更整体、系统、准确地把握（图1-11）。

图1-11　信息网络图

1.3　城市功能

1.3.1　城市功能的定义

一般来说，城市具有生产、服务、管理、协调、创新、集散、辐射、信息化等功能。城市功能是由城市的复杂系统构成的、由各种结构要素决定的多种能量的集成，体现了城市在特定空间范围内的政治、经济、文化等社会活动产生的影响及发挥的作用，它是城市存在和发展的本质和动力。

1.3.2　城市功能的特征

城市功能具有整体性、结构性、层次性、开放性和变化性的特征（图1-12）。

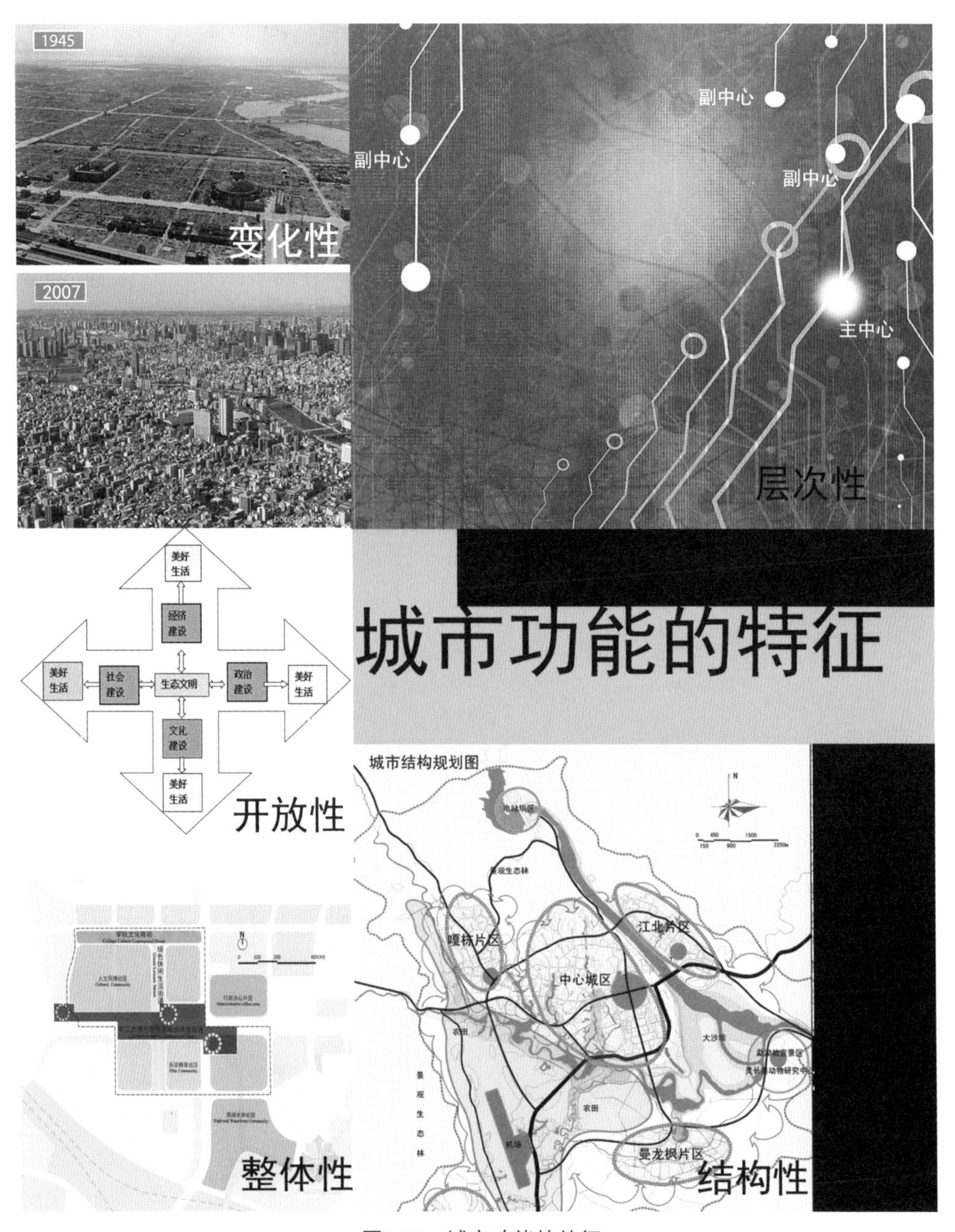

图1-12　城市功能的特征

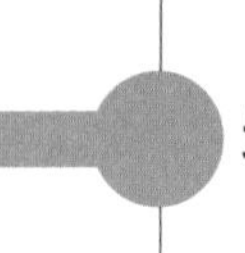

1. 整体性

城市功能不是各种分类功能的简单相加，而是通过多种方式重组的相互联系、相互作用的有机整体。城市各分类功能的性质及其作用经由它们在城市整体功能体系中的地位和规定性来决定，其运转受到整体和局部关系的制约，并按照城市的总体功能定位各自发挥作用。

2. 结构性

城市的总体功能是由其内在结构决定的，这种内在结构是指城市的政治、经济、社会、文化等各要素之间，各要素与整体系统之间互相联系、互相作用的方式。城市内部包含着多种要素，每一种要素都表现出一种功能，要素间的有机结合形成了城市的整体结构。

3. 层次性

城市功能具有明显的层次性，它是由不同层次的子系统构成的大系统，其中城市功能的子系统相对于它的下一层次的小系统而言又是母系统，因此形成了城市功能的层次。不同层次的城市功能之间的运行规律既有共同点，又有特殊性；既互相依存、互相作用，又互相区别、互相制约。

4. 开放性

经济活动促进了一定区域内的人流、物流、资金流通过各种方式汇集于城市，经过城市的优化产生了能量聚集和放大效应，从而形成了城市的各种功能。城市功能的发挥过程，实质上是城市与外部发生物质、能量和信息交换的过程。因此，城市功能的形成和发挥作用的过程，是全方位开放的过程。

5. 变化性

城市运行有其内在规律性，作为社会经济发展的活力因子，城市始终存在着矛盾冲突和变革发展的多种因素。随着时间的推移及城市规模的增长，相对稳定的城市功能会随着城市自身的发展和外部环境的改变而变化；一些城市功能的内涵、价值会逐渐发生转变，因此应始终保持运用动态变化的观点来看待城市功能。

1.3.3 城市功能的价值

1. 对区域的吸引作用

城市对其周边区域的影响力主要来源于社会经济诸要素的综合作用。城市的生存与发展，除了自有条件外，还要依靠外部的“输入”。城市价值越大，其吸纳资金、资源、人口、智力、信息等的能量越强，对周边区域的吸引能力越强。

2. 对区域的辐射作用

城市集中了区域内社会经济文化等方面的重要资源，这些资源通过对周边区域多方面的输出和供给，使城市成为该区域的服务中心，会产生较强的辐射作用，辐射作用的大小与城市的价值总量关系密切。

3. 对区域的纽带作用

随着城市基础设施的完善、市场条件的成熟和公共信息服务水平的提高，城市作为交通物流中心、商业服务中心、金融服务中心、社会信息中心的功能越来越强，它对强化与周边区域联系的纽带作用也就随之增强。

4. 对区域的拉动作用

城市是一个区域的龙头，对整个区域的发展起着主导作用，在经济发展、科技进步、生活改善、文化繁荣等各个方面都走在其他区域的前面，对本区域内的发展起到示范效应和拉动作用。

5. 城市的可持续发展

当代城市的空间体量、人口规模和社会结构与过去相比已经发生了巨大的变化，城市成为各种创新要素的集聚地，被赋予了更多的政治、经济和文化领域的使命，在社会发展过程中所扮演的角色愈加重要。在这样的背景下，城市的建设模式能否顺应未来可持续发展的趋势？在面对当下城市发展过程中出现的诸多问题时，彰显出技术创新、制度创新和文化创新的价值，这是推动城市可持续发展的主导力量。未来的城市空间形态应更富于可识别性，具备更为鲜明、深刻的精神内涵和情感价值；城市空间的新旧更迭应更加生态化，让城市成为生机勃勃的有机体融入自然之中，望得见山、看得见水、留得住乡愁，这里体现出的不仅是诗意生存的守望，更是以人为本的科学精神和城市可持续发展的长远方向。

1.4　城市环境空间的特征与功能分类

城市具有独特的功能属性和环境空间特征，个人很难全面、系统地认知城市环境的空间形态、领域、规模、区位以及与周边的关系，因此也就很难将城市道路、区域、界限、建筑空间内部与外部、地下和地上环境的相互关系建立明晰的认知地图与映射关系。

1.4.1　人与城市环境空间的关系

城市环境空间是人类在自然环境基础上所创造、发展的社会和物质条件的综合载体，是由社会、经济、环境组成的复杂人工生态系统，它与经济、社会的发展相互依存，相互作用。

城市环境空间具有明显的人为干预特征，处处体现了自然与人工、物质与精神、空间与时间、历史传统与现代生活等的结合，展现了人类的文明，是人类独有的资源。因此对城市环境空间的定义，不能把它与生活在城市中的人分割开来，或仅仅是将它看成是人的外部状况，而应将它与人的创造、人的生活密切联系起来（图1-13）。柏林特说："从某种意义上来说，环境空间是一个很大的词，因为它包括了我们制造的特别的物品和物理环境以及所有与人类居住者不可分割的事物。内在与外在、意识与物质世界、人类与自然环境并不是对立的事物，而是同一事物的不同方面。人类与环境是统一体。"

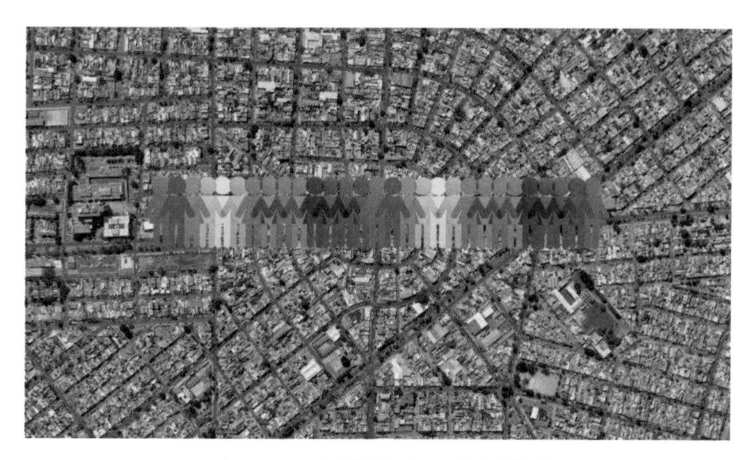

图1-13　人与城市环境空间的关系

1.4.2　城市环境空间特征

1. 多样性

城市环境空间涵盖了城市中不同领域的不同层面，多样性成为其主要特征之一。不管是从城市的公共区域看，还是从人类个体所处的私密领域看，城市环境空间都不是单一的，处处显现出多重性和多样化。

2. 整体性

城市环境空间是由多种功能构成的复杂系统，具有整体性特征。城市是由不同职业、语言、文化人群所构成的高密度聚集，彼此竞争又相互依存，构成了丰富多彩、完整和谐的人文环境，人的认知需要这种整体性环境的支持。

3. 稳定性

从人的视角来审视，城市环境空间总体上相对处于稳定、渐进的状态，这首先有利于城市的正常运转，其次也有利于人类个体对城市环境空间建立稳定、平衡的认知体系。

4. 动态性

城市环境空间虽然总体上相对稳定，但实际上它又随时处于动态的变化过程之中。在某些时期、某些区域会产生明显的变化，这使得城市充满矛盾和活力，显现出不断向前发展的趋势。这就要求人身处其中时应顺势而为，不断调整认知角度来适应这种变化。

除以上主要特征之外，城市环境空间同时也存在着认知度与辨识度弱、开放度高、停留时间长等特征。对于人类个体而言，需要对城市环境空间有一个完整系统的认知。

1.4.3　城市的环境空间结构

城市在自然、社会、经济与技术等因素长期的综合作用下形成了城市的环境空间结构。它是城市诸多要素在环境空间内的分布和组合状态，是城市经济结构、社会结构的空间投影以及城市社会经济存在和发展的空间形式（图1-14）。

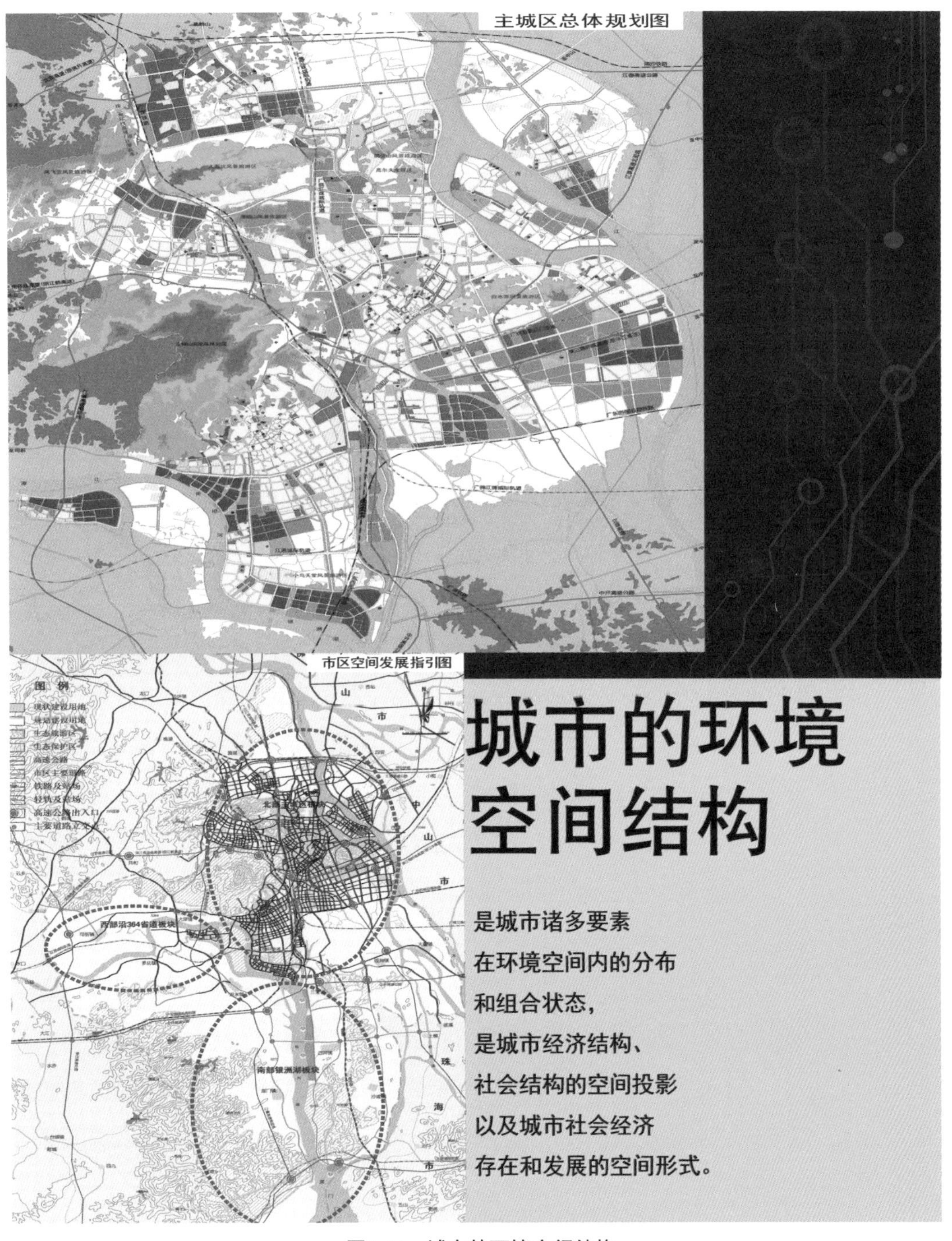

图1-14　城市的环境空间结构

1. 城市环境空间结构的三种表现形式（图1-15）

图1-15　城市环境空间结构的三种表现形式

1）城市密度：是指城市在社会、文化、经济、生态等诸多要素在城市空间范围内表现为一定数量的综合、集聚，形成各自的密度。

2）城市布局：是指城市建成区的平面形状、内部功能结构和道路系统结构和形态。城市布局是在历史发展过程中形成的，或为自然发展的结果，或为有规划的建设的结果。

3）城市形态：是指城市空间结构的整体形式，是城市内部密度和空间布局的综合反映，是城市三维形状和外瞻的表现。

2. 城市环境空间结构的四个层面

1）三个要素：物质环境、功能活动、文化价值。

2）两种属性：空间与非空间属性。

3）两个方面：形式——空间分布模式与格局；过程——空间作用的模式。

4）一个特征：具有历史演化特征，需要引入时间层面。

3. 城市空间分类

城市空间可分为静态活动空间（如建筑景观）和动态活动空间（如交通路网）。

4. 城市空间类型

城市空间类型有内部空间类型和外部空间类型。

1.4.4 城市环境空间属性分类

1. 物理环境空间

物理环境空间是指由人工构筑的实体环境空间，比如城市中的建筑、广场、道路、人工景观和其他功能设施等（图1-16）。

图1-16 物理环境空间

2. 生物环境空间

人类所控制的有机生物环境空间，包括各种自然生长的和人工培育的动植物，比如森林动物园、海洋公园、景区园林绿植等（图1-17）。

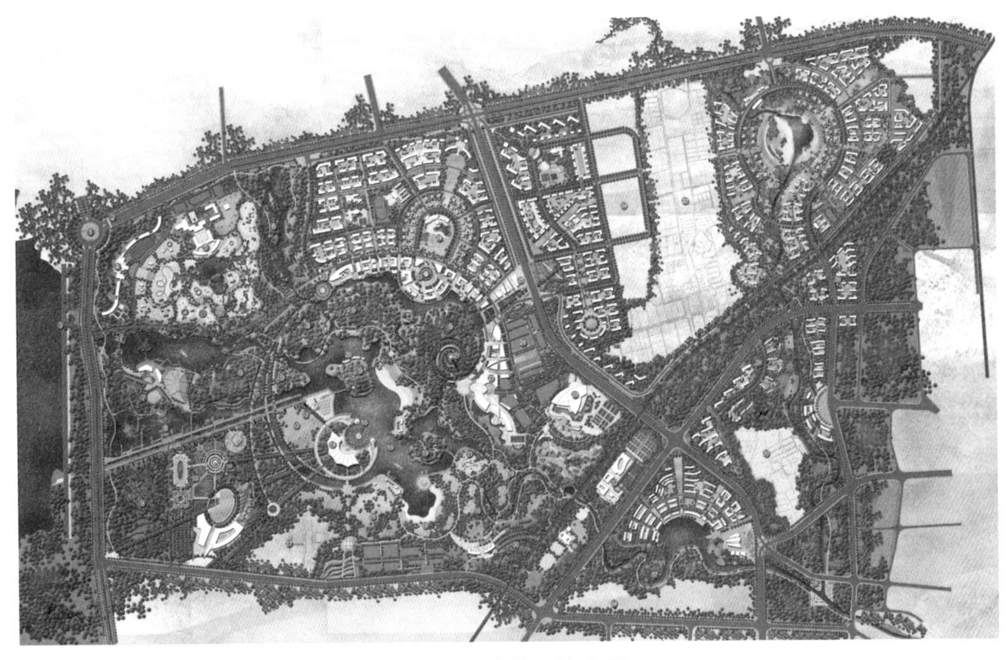

图1-17 生物环境空间

3. 人文环境空间

人类所创造的人文环境，它既包括有形的物理环境空间，也包括城市中隐含的由各种制度、观念、信仰和知识等组成的无形环境，是潜移默化的城市气质（图1-18）。

图1-18　人文环境空间

1.4.5　城市环境空间的场域分类

1. 城市整体环境

城市整体环境是反映城市总体面貌特征的空间类型，如城市整体鸟瞰、完整的城市环境景观、地形地貌等（图1-19）。

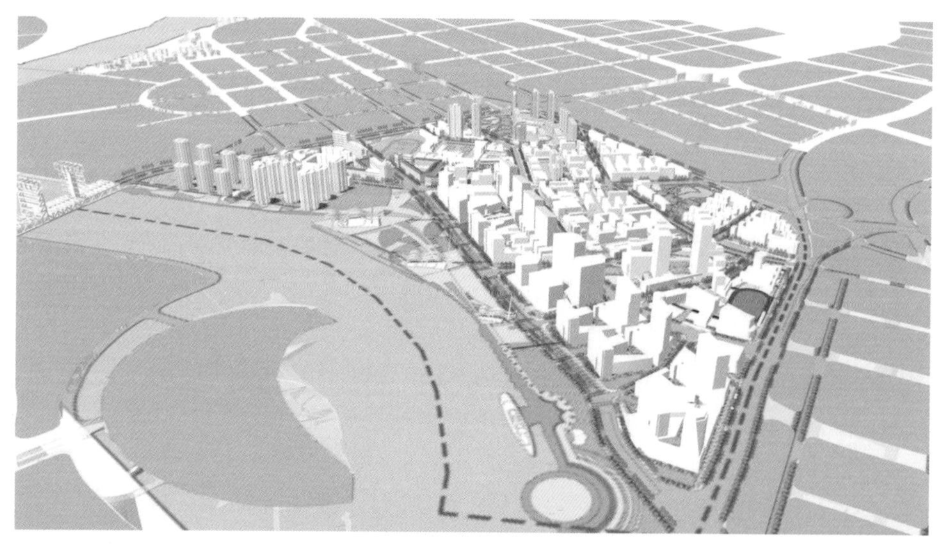

图1-19　城市整体环境

2. 城市区划环境

城市区域环境是反映城市区域功能的空间类型，包括商业服务区、科教文卫区、行政管理区、仓储物流区、住宅生活区、工业生产区、风景名胜区等（图1-20）。

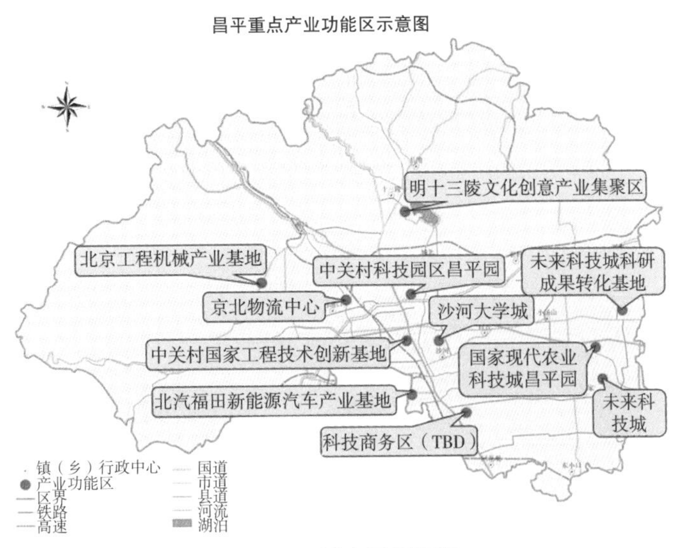

图1-20 城市区划环境

3. 城市集聚环境

城市集聚环境是满足市民社交功能的空间类型，是城市公共空间中不可缺少的重要类型，具有集会庆典、交通集散、观光休闲、商业活动以及文化传播功能，扮演着“城市客厅”的角色，包括市政广场、宗教场所、商业中心、文化广场、交通枢纽等（图1-21）。

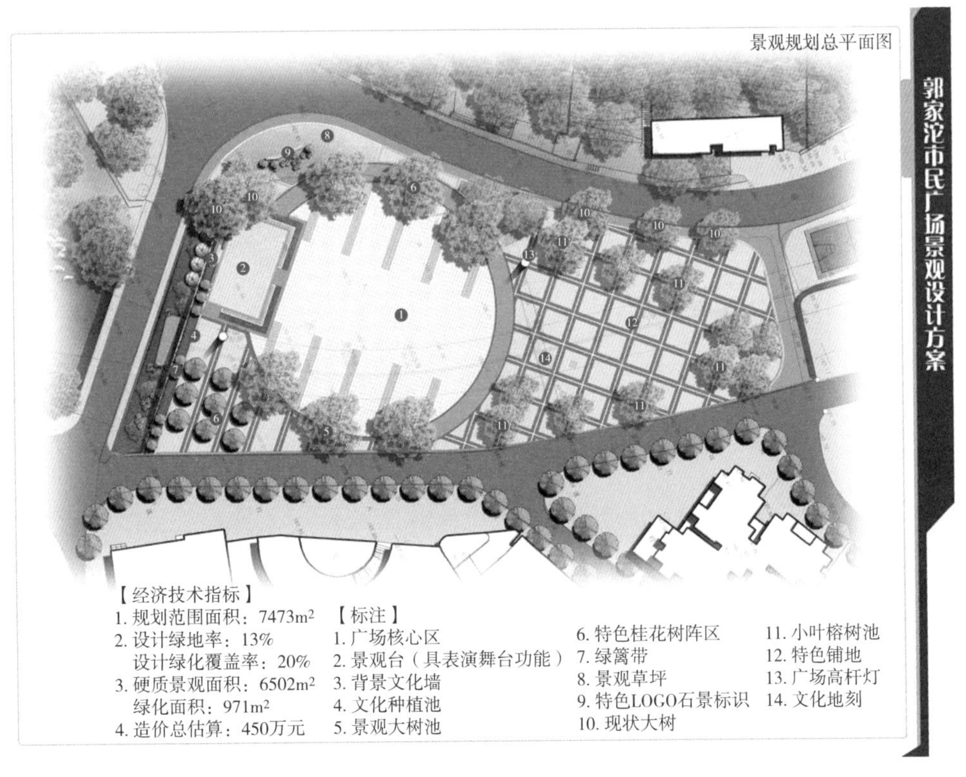

图1-21 城市集聚环境

4. 城市道路环境

城市道路环境连通城市范围内的各空间区域，为城市交通运输工具提供使用的、方便市民工作生活出行和参与社会活动，并与城市外部区域道路连通、承担着对外疏导的道路环境。其主要包括主次干道、集散通道、旁路支径、胡同巷道、人行步道、山林小道等（图1-22）。

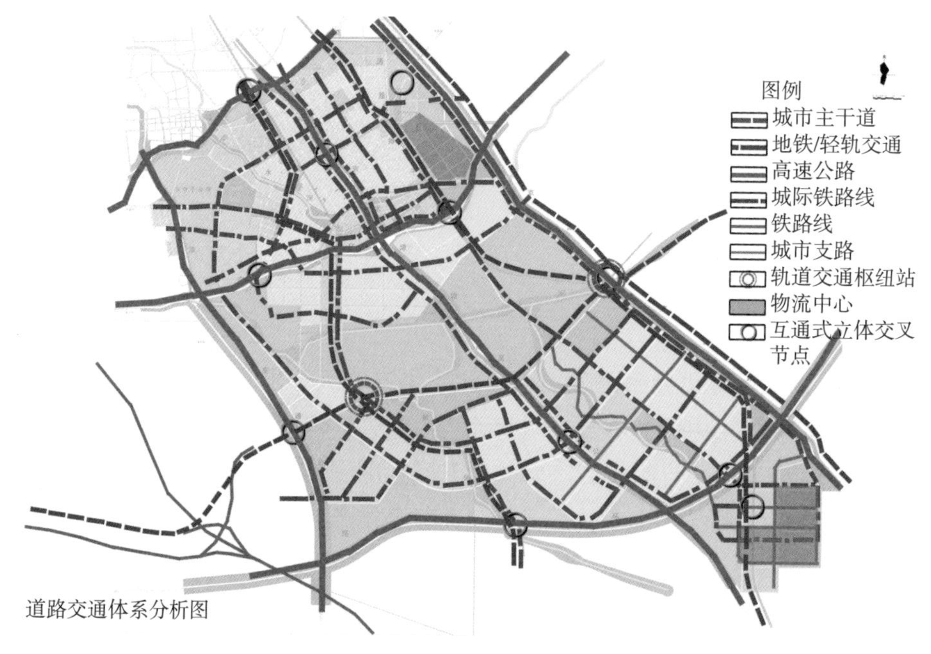

图1-22　城市道路环境

5. 城市桥隧环境

城市桥隧环境指在城市范围内，修建在江、河、湖、海上的桥梁和城市轨道交通形成的各类高架立交及隧道，通常以永久性和半永久性桥为主体。其包括跨海、跨江、跨河桥梁，高架桥梁，人行天桥，景区园桥，地铁隧道等（图1-23）。

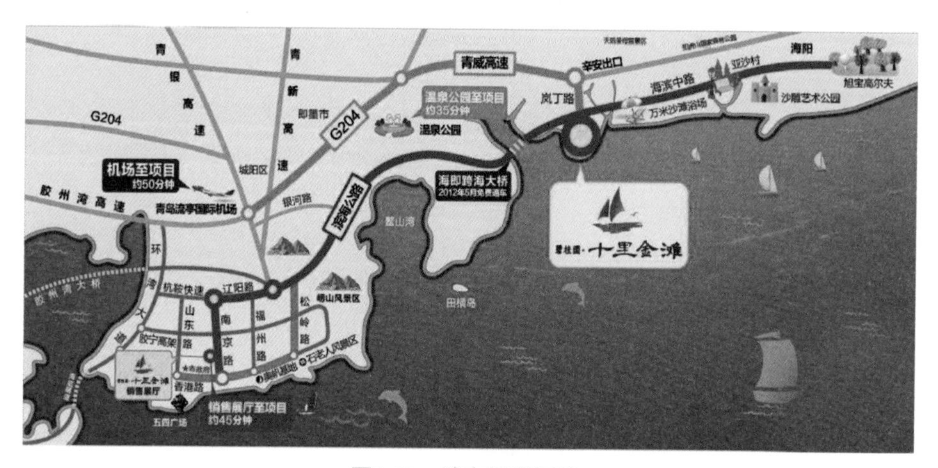

图1-23　城市桥隧环境

6. 城市历史环境

城市历史环境是指城市在长期的发展过程中遗存下来的历史环境空间，主要分历史建筑、历史地段以及历史城区三个层面。城市历史环境是人类文化遗产的重要组成部分，是城市可持续发展的重要环节，包括城市历史街区、传统聚落、名胜古迹等（图1-24）。

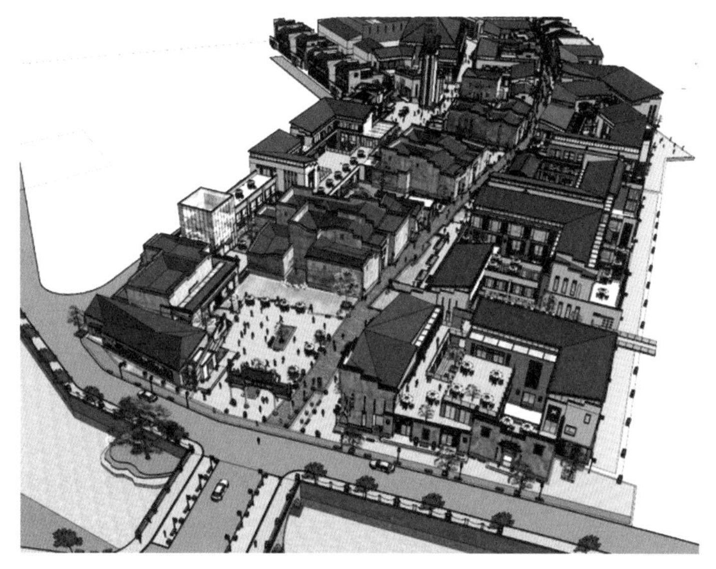

图1-24　城市历史环境

1.4.6　城市环境空间的功能分类

1. 城市交通空间

城市交通空间是承接交通运输起点和终点的过程空间。此类空间体量大，功能布局复杂，集中。主要流程一般是从通过空间→等候空间→通过空间（更高级的），从简单→复杂→简单（更高级的）过程。城市交通空间包括机场、火车站、码头、公交枢纽等（图1-25）。

图1-25　城市交通空间

2. 城市商业空间

城市商业空间是城市商业活动最集中的区域，是实现商品流通和消费需求的环境空间，也是城市功能空间中最复杂多样、最集中的功能空间类型之一。购物中心、商业步行街、宾馆酒店、餐饮娱乐场所等均属于此类空间范畴（图1-26）。

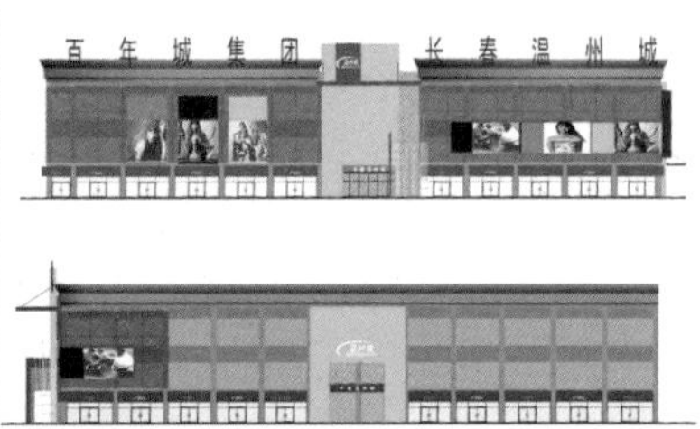

图1-26　城市商业空间

3. 城市文化空间

此类空间涵盖的范围很大，一般是指城市中承担文体艺术的观赏与演出、交流与培训活动的场所，包括影剧院、音乐厅、俱乐部、大戏院、画廊、博物馆、体育运动场馆等各种类型的文化体育场所（图1-27）。

图1-27　城市文化空间

4. 城市景观空间

城市景观空间泛指在城市空间环境中利用自然资源与人文资源进行系统设计，创造并呈现出自然与人文相结合的景观意象，它可使城市更加富有风情，陶冶人们的情操，如山谷林地、滨水、主题公园、文物古迹、文化遗址、园林街景等（图1-28）。

5. 城市居住空间

城市居住空间是以非农业生产为主业，整体的社会、经济和文化发展水平比较高的城镇居民聚居地，拥有一定规模的常住非农业人口和住宅体量、密集的道路，配套完善的生活服务和基础设施，如住宅小区、别墅、公寓、宿舍等（图1-29）。

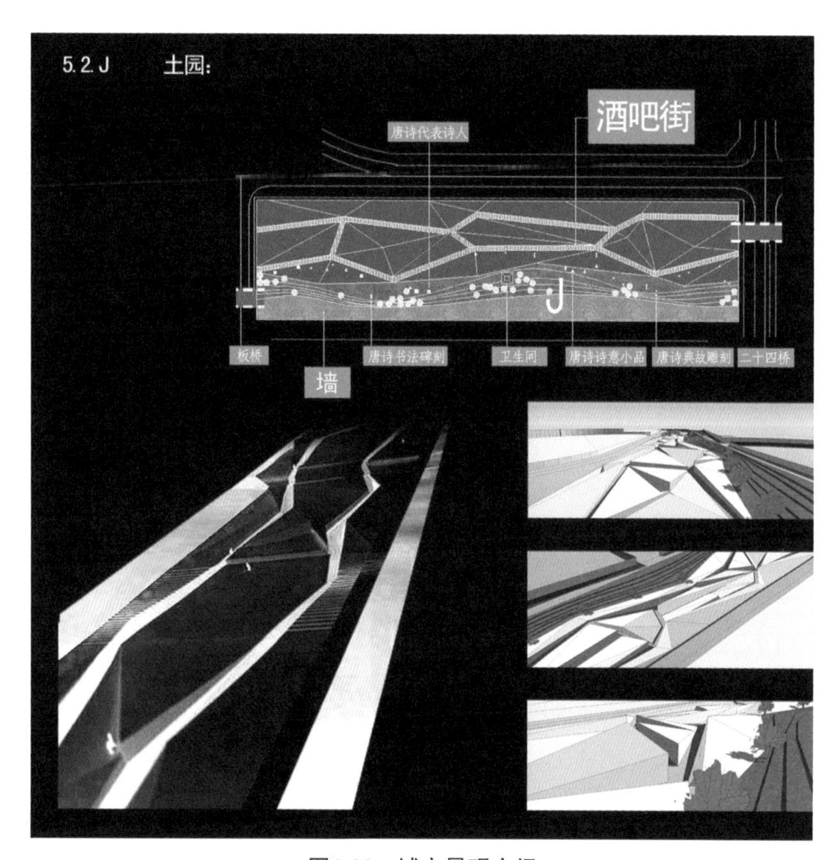

图1-28　城市景观空间

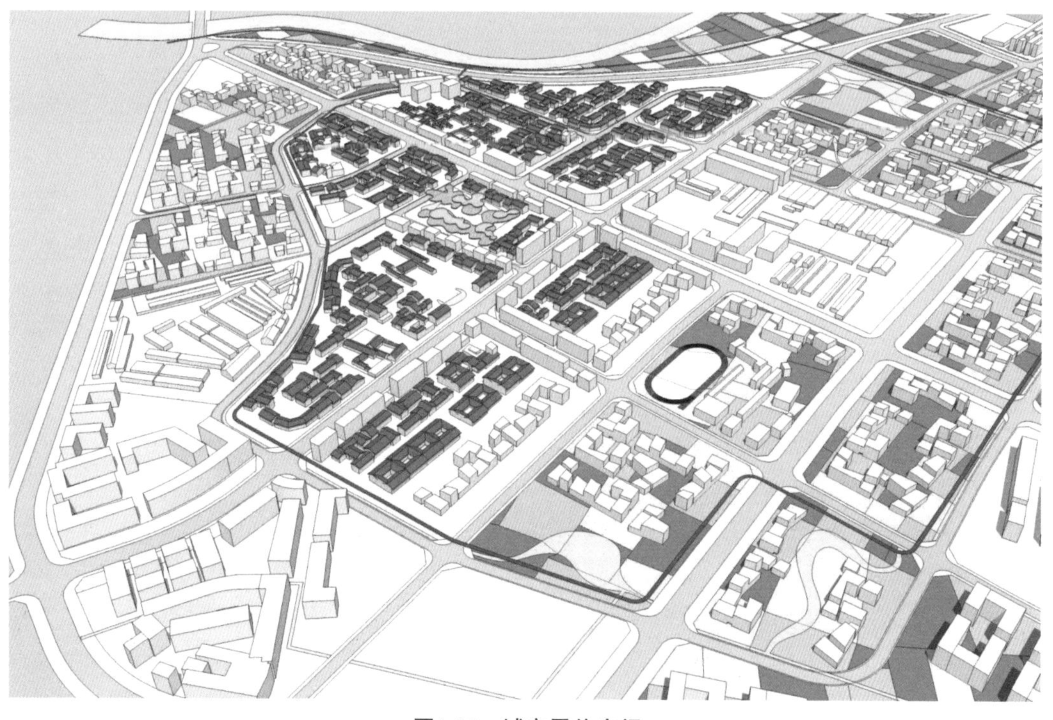

图1-29　城市居住空间

6. 城市商务空间

城市商务空间是城市的经济、科技和金融资源中心，位于金融、科技、贸易、商务等功能高度集中的城市核心区域。这类空间一般具有完善的市政交通与通信条件，容积率超高，人流、车流、物流巨大，昼夜人口数量变化大等特征，如城市中央商务区（CBD）等区域（图1-30）。

图1-30　城市商务空间

7. 城市文教空间

城市文教空间指位于城市区域的科技、教育、文化和卫生医疗等行业领域的功能空间，具有专业职能显著、规模适中、功能设施完备、人口相对集中等特点，一般位于环境优美、交通便捷的地点。文教空间以大学城为代表，有的距市中心较远，往往容易形成大城市的卫星城（图1-31）。

图1-31　城市文教空间

8. 城市棕色空间

城市棕色空间泛指坐落于城市区域中因功能调整、产业转型、人口迁徙等因素造成的闲置、废弃、无法有效利用的功能空间。这类空间存在严重的功能退化或环境污染，以当前条件难以改变现状，但在未来随着产业革新、技术进步具有再次利用潜能的场地或空间，如转产工矿企业、老旧城区、废弃广场等（图1-32）。

图1-32　城市棕色空间

第2章

人类了解外部环境信息的方式

2.1　感知是人类掌握外部环境信息的方式

人类利用感知掌握外部环境信息有两种不同的方式：第一种是通过五感体验来直接意识外界环境的感觉型的感知方式；第二种是通过思维联想来体会外部信息的直觉型的感知方式。

2.1.1　感觉与知觉

1. 感觉

感觉是知觉的基础，是大脑对直接作用于感官的客观事物的个别属性的反映。感觉是较早的过程，它作为人体感官的基本机能，经过感官的换能作用，将外界输入的光、声音等物理化学能转换为大脑能够接受的神经能，并依赖于具体的感觉通道、感受器传递到大脑（图2-1、图2-2）。

感觉		现象	适当刺激	感受器
视觉		色相、明度、纯度	电磁波的可视光线	视网膜细胞
听觉		声音	声波的振动	耳蜗的毛细胞
嗅觉		气味	挥发性物质	鼻腔内上部嗅细胞
味觉		味道	水溶性物质	舌味蕾中的味细胞
皮肤知觉	触压觉	触、压感	压力	皮下各触压细胞
	温觉	温、热感	电磁波的红外线热辐射温度	皮下小体
	冷觉	冷、凉感		皮下小体
	痛觉	疼、痛感	各种强度的侵害刺激	皮下的游离神经末梢
内脏感觉	肌肉运动	紧张感、松弛感	张力	肌腱内的感受器
	平衡	紧张感、眼花	加速度	内耳前庭器官的感受器
	内脏	紧张感、痛感	压力、张力及其他	各内脏的感受器

图2-1　感觉的种类一览

感觉类别	绝对阈值
视觉	晴朗的暗夜中可以见到48km外的烛光
听觉	安静的室内可以听到6m外手表的滴答声
味觉	在10L水中加入一勺糖可以分辨出甜味
嗅觉	一滴香水可使香味扩散到三所房间的公寓
触觉	一片蜜蜂翅膀从1cm处落在面颊上可以觉察它的存在
温冷觉	皮肤表面温度有1℃之差即可觉察

图2-2　人类重要感觉的绝对阈值

2. 知觉

知觉源于感觉又不同于感觉，它是在感觉的基础上产生的，是各种不同的感觉协同运行的结果，是人脑对直接作用于感官的客观事物的各个部分和属性的整体反映。知觉具有整体性、恒常性、意义性（理解性）和选择性特征。

受个人相关知识和经验的影响，类型各异的人针对同一事物的感觉可能是接近的，但对它的知觉则可能产生差异，知识和经验越丰富，对事物的知觉会越完整全面。比如古人仰望高悬于天际的月亮，只要不是盲人，无论谁看都是圆润皎洁的，但现代天文学家还能看出月球表面的凸凹不平和内部地质构造，而没有现代天文学知识的人就看不出来。

感觉与知觉都是认识客观环境的心理过程，是人类认识世界的初级形式，反映的是事物的外部特征和外部联系，没有感觉就不会有知觉。感觉型人群通常对客观世界的现实状态充满兴趣，而对那些即兴涌现的想法不为所动；知觉型人群则对客观世界的内在关联性充满好奇，而对现实状况无动于衷。感觉型人群不重视联想，不喜欢思维的跳跃性，认定以事实为依据得出的结论才靠得住，而推断出的结论不如客观存在的可靠；相同的符号，感觉型人群注重符号自身的形式，而知觉型人群则马上联想到符号背后的意义；对于抽象理论的理解，感觉型人群需要将理论与客观事实结合起来才能接受，而知觉型人群则直接利用联想接受（图2-3）。

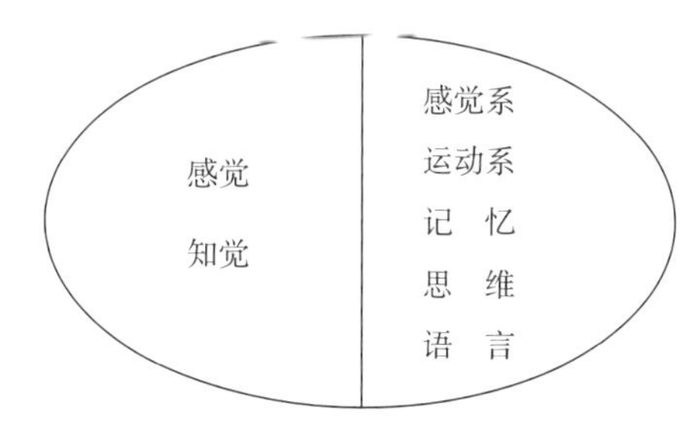

图2-3　感觉、知觉——椭圆形图表

2.1.2　感知的作用

感知是客观事物通过感官在人脑中的直接反映，它不仅反映客观事物的个别属性，而且也反映人的身体各部分的运动和状态。从空间上看，感知所反映的事物，是人的感官直接触及的范围；从时间上看，感知所反映的对象是此时此刻正作用于感官的事物，而不是过去或将来的事物。

感知虽然看似是一种比较简单的心理过程，但它却在人们的生活、生存实践中发挥着重要的作用。有了感知力，我们才能完成复杂的认识活动，就能感受到手指的疼痛，身体的抖动，脉搏的跳动；有了感知力，我们就能辨别外部世界各种事物的不同属性，比如温度、色彩、声音、味道、轻重、软硬、大小等；有了感知力，我们就能够了解自身各部位的构造、运动机能、饥饿时的心慌；而如果失去感知力，我们则很难辨别客观事物的基本属性和自己身体的状态。从这个角度来讲，感知是人的各种复杂心理过程（如知觉、记忆、思维）的基础，是人类获得客观世界所有知识的方式。

2.1.3 从五感到共感

没有与外界的信息交流，人类就无法正常的生活。人类为了应对自然界中随时出现的各种复杂状况，必须借助知识获取大量的经验与能力，而知识大多是通过感知逐步积累起来的。人类天生具备丰富而全面的感知能力，会利用视觉、听觉、嗅觉、触觉、味觉包括第六感官等感受器官全方位地认识和感受周围的事物，其中视觉体验是人类最为重要的感知方式，而在人类获得的所有外部信息中，80%以上来自于视觉体验（图2-4）。日本著名设计师原研哉曾说过："人不仅仅是一个感官主义的接受器官组合，同时也是一个敏感的记忆再生装置，能够根据记忆在脑海中再现出各种形象。在人体中出现的各种形象，是同时由几种感觉刺激和人的再生记忆相互交织而成的一幅宏大图景。"（图2-4）

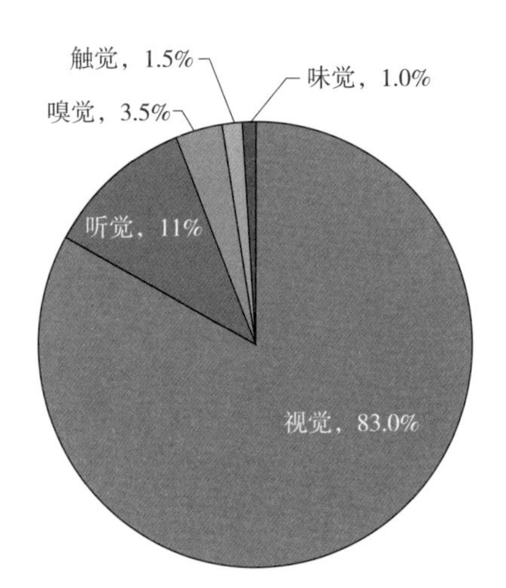

图2-4 感觉比例饼图

一个人就是一套认知世界的感受系统，人类的感官体验在很多时候是可以相互转化的，这种现象也称为共感。共感就是将各种感官体验借助联想方式打破感受界限产生感觉转移，相互沟通并转化，它是人类共同具备的生理和心理现象。在共感中，颜色好像有了温度，声音似乎产生了形象，冷暖好像有了质量。共感现象可帮助人们突破固有的思维模式，它的哲学基础就是普遍联系的原理，即客观世界中的所有事物之间都存在广泛的联系，不是孤立存在的。共感现象意味着导向信息设计应在系统思维下，结合视觉图形、材质、工艺等形式语言开发调动人的多重感官来强化共感体验，提升信息的感知力（图2-5）。

感觉名称	韦伯分数
视觉（对亮度差异的辨别）	1/60
动觉（对质量差异的辨别）	1/50
痛觉（对皮肤灼伤的刺激强度的辨别）	1/30
听觉（对声音高低差异的辨别）	1/10
触觉（皮肤表面对压力大小差异的辨别）	1/7
嗅觉（对天然橡胶气味差异的辨别）	1/4
味觉（对盐量限度差异的辨别）	1/3

图2-5　不同感觉的韦伯分数

2.2　认知是感知信息的一般过程

2.2.1　认知与认识

1. 认知

认知是人类感知信息的一般过程（图2-6），即通过心理活动完成针对信息的接收→合成→编码→存储→提取→概念形成→改造→问题解决等一系列加工处理过程，它包括感觉、知觉、记忆、思维、情绪和情感等认知要素。认知自身包含更加宽泛的含义，它是在更多的感觉和知觉以及过往经验的基础上，受到更为复杂的记忆、思维和言语等因素影响的信息加工过程。

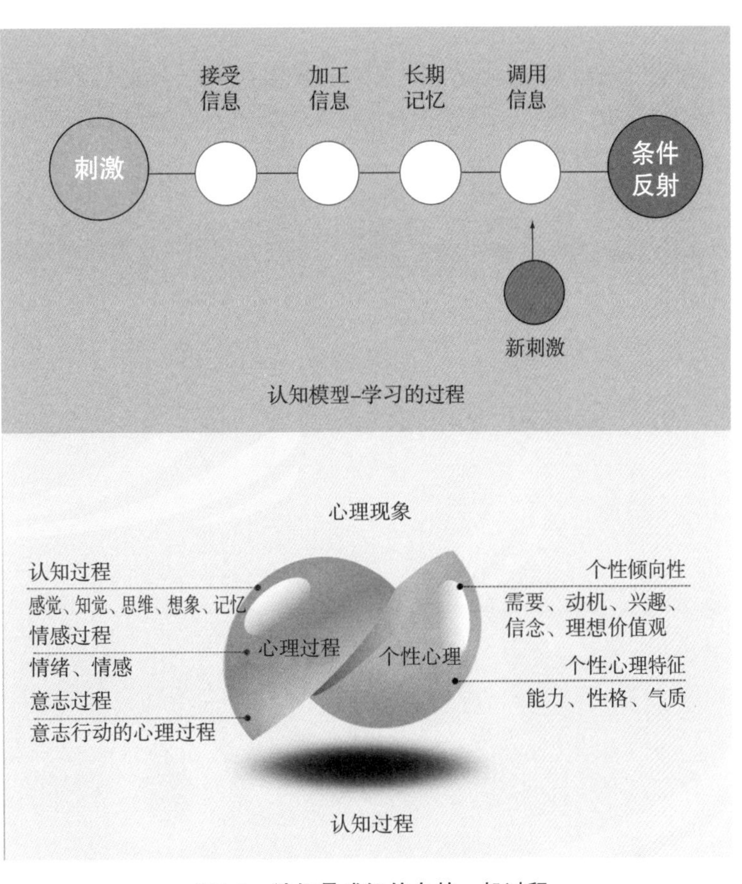

图2-6　认知是感知信息的一般过程

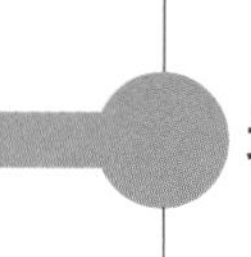

2. 认识

认识是主体收集客体知识的主动行为，是主动意识的表现形式。主体是有生命的物体，是行为的主导者和实行者。人是认识的主体之一，是思维、认识和实践的主导者和实施者，具有思维、认识、实践的需要和能力。

认知和认识的概念之间存在共性与区别。共性是二者都是用于“表征人类个体反映客观世界的心理活动过程及结果”。区别是认知更适于表征机械反映活动形式、动物的简单反映活动形式和人类感性反映活动过程及结果，而认识虽然也可用于表征认知的基本含义，但是更适宜于表征人类高级心理反映活动过程及结果，特别是创造性的高级心理反映活动过程及结果。

2.2.2 思维与记忆

1. 思维

思维最初是人脑借助于语言对客观事物的概括和间接的反应过程。思维以感知为基础又超越感知的界限，它探索与发现事物内部的本质联系和规律性，是认识过程的高级阶段。思维除了逻辑思维之外，还有形象思维、直觉思维、顿悟等思维形式的存在。

2. 记忆

记忆是人脑对经历过的事物的识记、保持、再现或再认，它是进行思维、想象等高级心理活动的基础。记忆作为一种基本的心理活动过程，是和其他心理活动密切联系着的，是人们学习、工作和生活的基本机能，把抽象无序转变成形象有序的过程是记忆的关键。记忆的过程就是一次认知的过程，是对所输入信息的编码、存储和提取过程。只有经过编码的信息才能被记住，编码就是对已输入的信息进行加工、改造的过程，编码是整个记忆过程的关键阶段。记忆可分为短期记忆（信息存储）和长期记忆（信息存储和复原）等阶段。

2.2.3 认知行为的特点

1. 整体性

人们对某一事物的整体认知，往往是在综合了感知、记忆、思维、理解、判断等心理活动之后获得的，认知的这种整体性特点会让人学会自我调节，从大局出发，主动地修正一些认知错误和偏见。当然，也正是因为这个特点，人们有时会产生诸如“我曾经经历过和深思熟虑过的东西肯定没错”等非理性的判断，因此需要加以自我提示。完全凭经验判断，忽视系统的整体性特征而一味强调个体的局部特征会对事物的本质产生误判，成语“盲人摸象”“东向而望、不见西墙”等所反映的道理正是如此。

2. 多样性

人类的认知行为具有不同层面、不同角度的多样性特征。这种特征，一方面是因为人类需求的多样性，不同的需求会产生不同的认知行为；另一方面是因为客观环境的复杂性，需要利用多元的认知方式来适应，认知到整体与局部的关系，从对事物形成完整认知的角度应该重视这种特征。比如大家非常熟悉的诗人苏轼的《题西林壁》中“横看成岭侧成峰，远近高低各不同。不识庐山真面目，只缘身在此山中。”的意象中所蕴含的道理可以给我们很好的启发与借鉴。

3. 联想性

人类的认知过程不仅与感觉和知觉的活动有关，还与人的经验、理解能力等有关，其中包含了联想成分，这种联想性具有连续、概括和形象的特征。当然，认知的联想性有时仅仅专注于事物的外在特征上，并不能准确反映事物的本质，很容易把表象与本质混为一谈，习惯于以个别推及一般、由部分推及整体，断言有这种特征就必有另一特征，也会以外在形式掩盖内部实质。成语中的“爱屋及乌”“窥一斑而见全豹”等便是这个道理。

4. 变化性

认知过程中会随时与个人的知识结构、教育程度和所处社会环境等因素产生关系，因而不是恒定不变的，会随着生理与心理的成熟而变化，也随着所处的外部环境、社会条件和时代背景的变化而变化，具有行为发展的连续性和变化性的特点。比如对于养生的观念，以往人们认为“无病就是健康”，而“时过境迁”　“此一时彼一时”，人们普遍已认识到健康不光是指没有生理疾病或肢体的残疾，更意味着身心与社会形成一种全面适应的良好状态。

5. 可控性

人类能够有意识地通过把握客观环境中事物的本质特征和内在联系来建立思考方式，其行为可以超越本能的影响，通过意识加以控制和调整。可控性反映了人类认知行为的习得性与能动性。比如国际野生动物保护组织阻止人类过度捕杀野生动物，倡导人与自然和谐相处就体现了人类超越本能的行为影响，通过意识加以控制和调整人类认知行为的习得性。

6. 先占性

人类在认知过程中有时会产生“先入为主”的情况，常以“第一印象”来判断和解决问题，这便是认知的先占性。这种特性在某些情况下是有益的，比如人们通过检验认知成效，产生“失败是成功之母”的认识；但在另外一些情况下则会受到“一朝被蛇咬，十年怕井绳”的先占性影响，从而形成对事态或信息的误判，往往产生犹豫、胆怯等无谓的担忧而贻误良机。

7. 相对性

事物都是一分为二的，就像一枚硬币的两面，由相对的两个部分组成。动物有雌雄之分，时间有昼夜之分，做事有好坏之分，因此应该用“两分法”来认知和判断问题。人们经常出现的“乐极生悲”的情感波动，其实就是只认识到事物的某一个方面，而没有考虑到事物另一方面的结果。而“失之东隅，收之桑榆”等谚语反映的就是人对事物认知的相对性特点。

2.2.4 认知的一般过程

人类的思维相当于高效运转的精密仪器，不间断地进行信息输入和信息输出的活动。客观环境中分布的海量信息会以文本、图形影像、声音气味及材料质感等形式，通过各种介质对人产生相应的刺激，并由感觉器官传入大脑后经过相应知觉的作用寄存于短程记忆中，然后再继续通过相应知觉的作用，把信息转换为知识存储于长期记忆中。存储的知识可以随时在记忆中被检索，在适当的时机被放置于短程记忆中转换成信息以备输出，便于对环境空间里受到的刺激做出相应的反应，这就是认知行为的基本过程（图2-7、图2-8）。

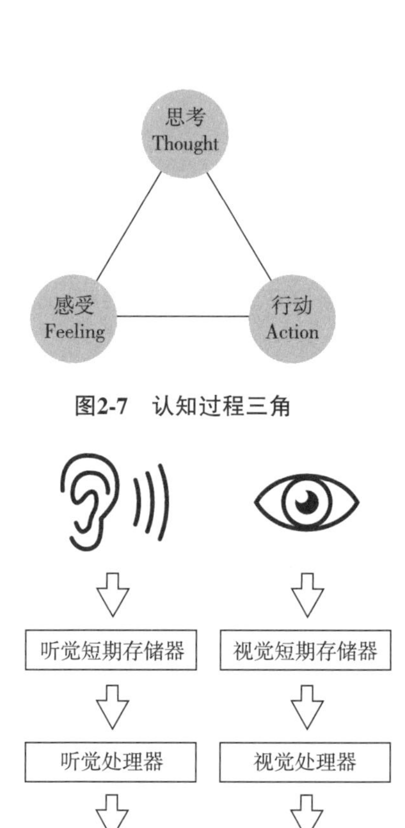

图2-7 认知过程三角

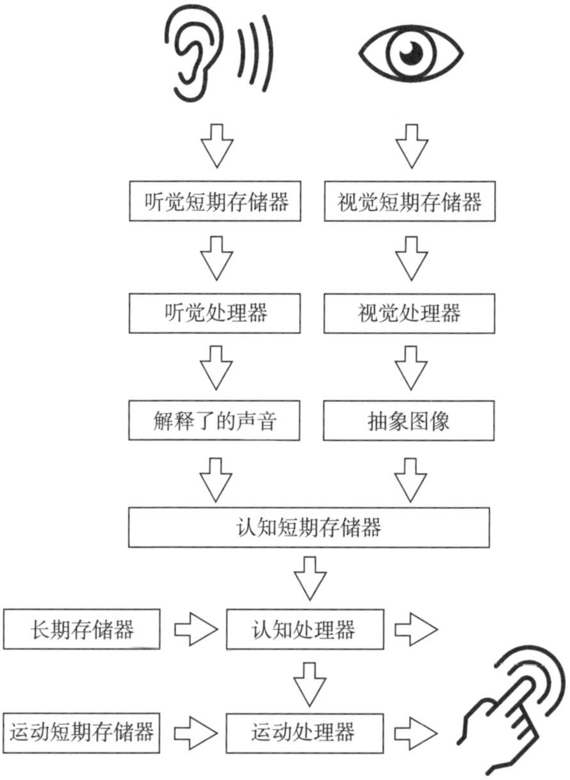

图2-8 认知过程流程图

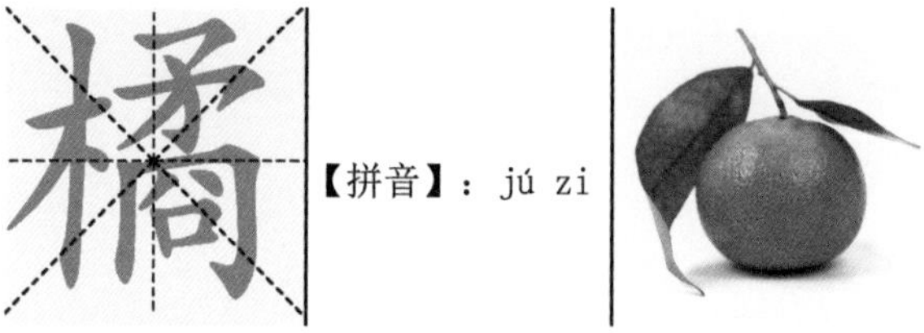

让我们通过对一个橘子的判断来了解认知的一般过程。当一个橘子放在我们面前时，此刻会有两套信息同时存在：一套是显示橘子的造型、颜色、味道、质感、体量等特征的客观实体信息；另一套是关于“橘子”称谓的语音符号信息（图2-9）——“【拼音】：jú zi。”我们会通过视觉器官对橘子的视觉形态进行信息采集，弄清它的色彩与形状；通过嗅觉器官进行信息采集，了解它的气味；通过味觉器官进行信息采集，熟悉它的味道；通过触觉器官进行信息采集，体会它的质感与质量，然后再将上述信息借助大脑进行整合与编组，得出具有完整特征的橘子的整体认

橘 【拼音】：jú zi

图2-9 橘子认知过程图

知，并形成编码放到短程记忆中完成关于“橘子”的信息资料的存储。短程记忆是信息的暂存区，之后知觉会把橘子的形象与称谓的语音符号合并成知识模块，根据条件判断是否存放于长期记忆中。此后当我们想用自己的语言形式来诠释所要了解的橘子时，就会使用记忆库中所储备的关于橘子的知识模块，也就是我们对它的基本认知——概念。信息资料越是全面，那么对橘子的认知就越完整，诠释的内容就越清晰。

分析对橘子在整个认知过程中由信息转变为知识的运作机制，可以反映出在整个认知过程的不同阶段所显现的不同问题：

1）信息以何种方式输入、知识以何种方式输出的认知机制问题。

2）知识的存储方式所涉及的心智结构问题。

3）知识的寻找和使用方式所涉及的心智过程问题。

了解人类认知过程的基本特点，对于更好地通过图形语言强化信息的特征，更加准确地反映认知主体对信息传达过程中的综合感受具有重要意义。

2.2.5　认知行为的成因

人类认知行为的成因从本质上来讲是有规律可循的。

1）认知行为首先来自人类自身的需要。认知行为的产生是基于人类在维持自身生存发展而进行的生产劳动过程中所产生的对外部与内部环境条件的依赖以及获得这些环境条件的强烈意愿。这些需求包括人类个体之间、组织之间的交流、生活、获取资源以及在心理层面出现的不足或缺失，如“爱”“知识”“创造”“交流”和“安全”等。这些需求的缺失容易导致肌体的失衡或紧张，促使肌体产生动机，并马上指向目标然后采取行动来消除这种状态，在需求得到满足的情况下，人类又会源源不断地产生新的需求，从而不断刺激自身产生新的认知意愿。

2）认知行为受到环境的影响。环境是人类生存的基础条件，认知行为是人类为了满足自身对内外环境的认识与适应需要而产生在生理、心理范畴的不同反应，是认识外界事物的过程，或者说是对作用于感觉器官的外界事物进行信息加工的过程。内部和外部环境条件的变化会触动人的认知需要，成为认知行为产生的诱因。

人类的认知活动在与社会环境等外在因素的相互作用中会受到影响和干预，必须不断变化调整。从“环境中的人”的角度出发，通过对人类需求的分析来研究在环境空间中导向信息对人类认知方式影响的内在规律，就能够达到了解人与环境的相互关系，并利用这些关系来解决复杂的环境空间中方位信息认知问题的目的。

2.2.6　与认知有关的代表性理论

与认知有关的代表性理论对了解并掌握人类视觉认知规律产生了很大的作用，它让我们知道，外部环境的复杂性决定了想要对其进行较为全面的研究，需要运用多学科、多角度、系统性的方法进行综合分析和判断。

1. 格式塔心理学

格式塔心理学又称为“完形心理学”，是研究人类认知行为作用于图像所产生的反应结果的学科，在心理学的范畴里是代表“整体”的意思。格式塔心理学是现代认知主义学习理论的先驱，其原理几乎适用于所有与视觉有关的领域，它强调对认知行为中感觉与知觉的研究，认为任何一种形态的视觉认知都不是个别的感觉和部分的知觉，而是对形态更为广泛、复杂的整体认识，其中的任一部分都与其他部分相联系，“整体要大于部分之和，但先于部分，部分不能决定整体”，由此构成的整体并不由个别的元素决定，但局部特征却是由整体的内在特性来决定的，这是其强调的基本观点。

2. 完形组织法则

完形组织法则是格式塔学派提出的一系列有实验佐证的知觉组织法则，其典型特征 “完形趋向”就是趋向于良好、完善，它阐明知觉主体（人）是按什么样的形式把经验材料组织成有意义的整体。人们更喜欢利用简单、明快、秩序感强的形式来感知和解释模糊暧昧、复杂的图形（图2-10）。

完形组织法则包含以下十种，这些法则既适用于空间也适用于时间，既适用于知觉也适用于其他心理现象。

1）图形—背景法则：知觉具有将被观察的对象组织为图形和背景的倾向，其中占据显性位置的角色被知觉为图形，而占据隐性位置的角色被知觉为背景（图2-11、图2-12）。

2）对称和秩序法则：知觉显现出围绕着那些具备均衡、对称形态的物体中心的倾向（图2-13）。

3）接近法则：知觉具有将在时间和空间上彼此邻近的部分归纳为相同的属性，组织为一个整体的倾向（图2-14）。

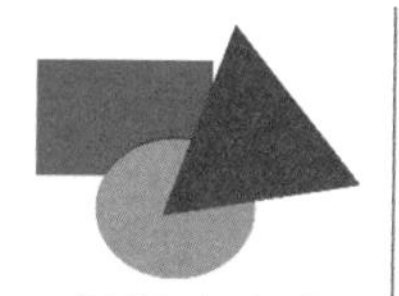
完形组织法则

三角形的组合体

图2-10　三角形的组合体

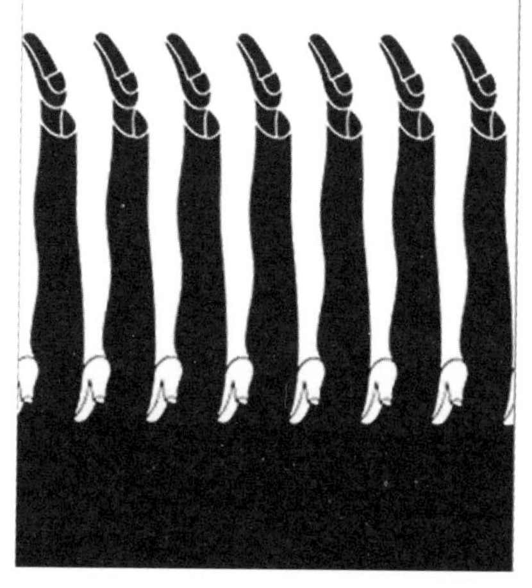

图2-11　图形—背景法则——福田繁雄日本京王百货宣传海报

图2-12　图形—背景法则——鲁宾之壶

图2-13　对称和秩序法则

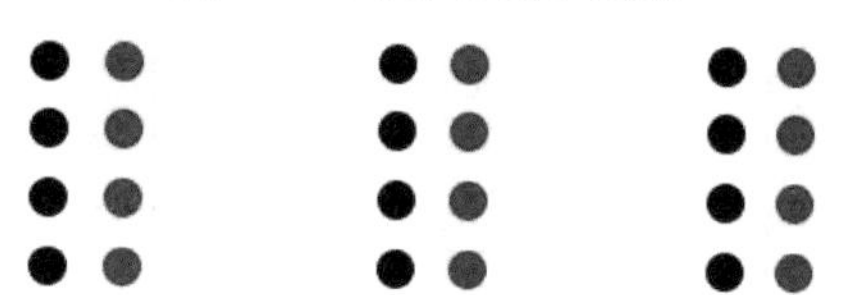

图2-14　接近法则

4）相似法则：知觉具有将相似特性的部分组织在一起的倾向（图2-15）。

5）焦点法则：会将知觉捕获并吸引到与其他形式不同的差异化元素中（图2-16）。

6）闭合法则：知觉具有填补缺口，组织不完善图形的倾向（图2-17）。

7）连续法则：知觉具有把元素连续的、按照特定方向组织在一起的倾向（图2-18）。

8）平行法则：知觉让处于相互平行状态的元素比处于其他状态的元素更易产生关联性（图2-19）。

9）简单原则：知觉具有把元素组织为尽可能地对称、简单和稳定的完好形式的倾向（图2-20）。

10）共同性原则：处在同一区域和同一方向上的元素比孤立元素或处于不同方向的元素更易产生关联性（图2-21）。

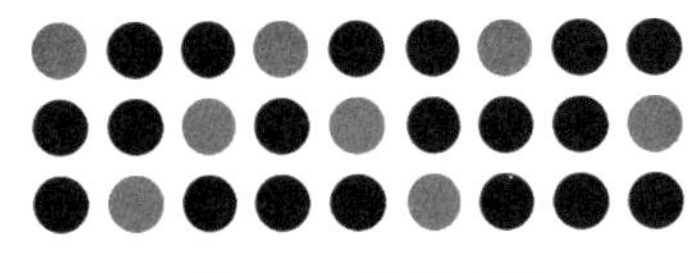

图2-15　相似法则

图2-16　焦点法则

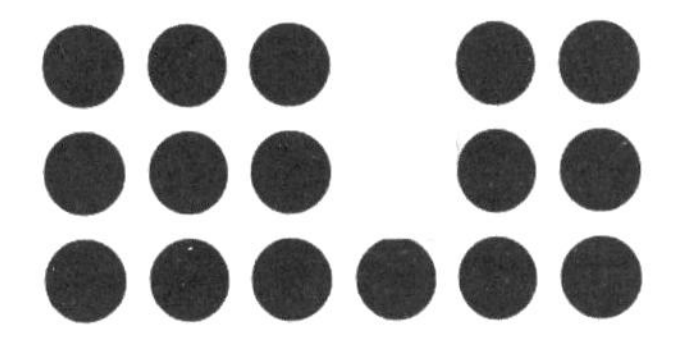

图2-17　闭合法则

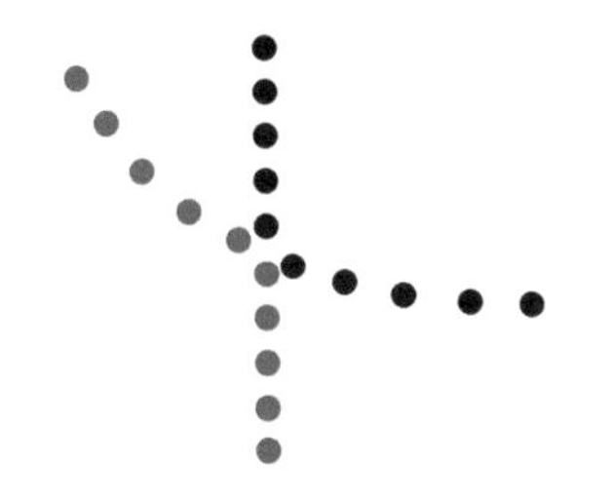

图2-18　连续法则

图2-19　平行法则

图2-20　简单原则

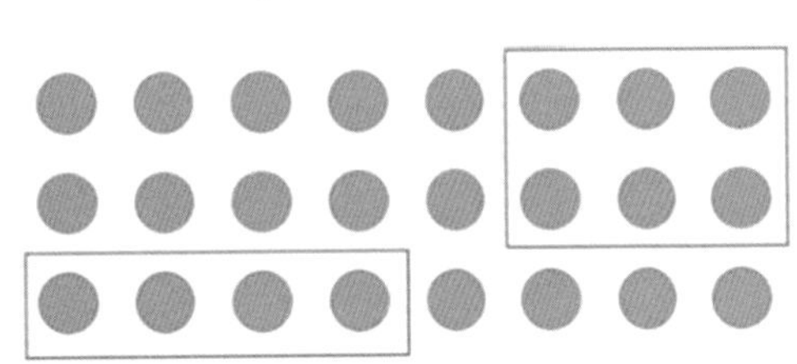

图2-21　共同性原则

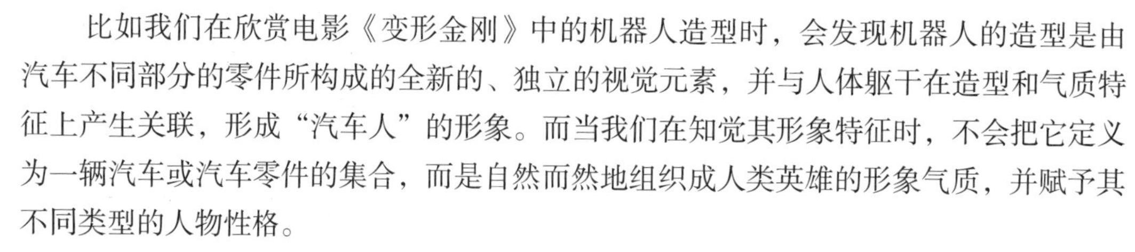
比如我们在欣赏电影《变形金刚》中的机器人造型时，会发现机器人的造型是由汽车不同部分的零件所构成的全新的、独立的视觉元素，并与人体躯干在造型和气质特征上产生关联，形成“汽车人”的形象。而当我们在知觉其形象特征时，不会把它定义为一辆汽车或汽车零件的集合，而是自然而然地组织成人类英雄的形象气质，并赋予其不同类型的人物性格。

3. 康德学说

德国古典哲学的奠基人康德认为：“人所有的知识是经由感官经验的表征呈现出来的，或者说人对事物的印象是经由五官而得到的，并通过人的理性促成这些印象并组织这些印象，所以印象才变得有意义。经验对知识的产生是必要的，但不是唯一的要素。把经验转换为知识，就需要理性，人的理性判断产生出知识意义的活动。”在这里，理性可被归纳为包括思索、判断、愿望、推理、计算、演绎等在内的几部分与生俱来的能力。康德还认为：“人是万物的尺度。……不是事物在影响人，而是人在影响事物，在认识事物的过程中，人比事物本身更重要，是我们人在构造现实世界。”他的这一论断清楚地表明了一切事物的特性与观察者有关。因此如果要仔细探究人类利用知觉、记忆、注意力在面对错综复杂环境的信息解读能力，对人的认知行为特征的了解应作为研究的基础。

2.2.7 黑箱现象中的普遍联系

自然界中任何事物之间都是相互联系、相互作用的，不可能孤立存在。环境空间对认知行为产生哪些影响，认知结果对信息设计产生哪些影响，就要在把握人类与环境之间的关系之后，遵循普遍联系的原则，厘清复杂环境中某一事物系统内部的运行机制以及它如何作用于人的认知过程，从而更有针对性地制定信息传播策略以提高信息可信度和自身秩序性。就像著名的“黑箱现象”（Black Box Theory）给予我们的启示那样，从普遍联系的角度对众多内部结构比较复杂的信息环境的认知和处理，寻找一条重要的研究途径。

“黑箱现象”是控制论中的一个概念，是指那些既无法打开，又不能从外部环境直接观察其内部状态的系统，它在社会环境中广泛存在着。从认知角度来看，人类面对社会环境中的复杂信息就像面对一个黑箱，其内部虽不能直接观测，但可以通过外部手段来控制。比如手机使用者可以在并不十分了解手机的内部构造和工作原理的情况下，通过经常使用或观察手机中信号输入和输出的状态，就有可能推理出手机内部的构造信息，掌握并熟悉其运行规律，实现对手机的操控。“黑箱现象”告诉人们，世界上没有绝对孤立存在的事物，都是相互影响、相互作用的，即便我们无法掌握事物内部的全部规律，而仅需要观察它对于外部条件的刺激所做出的反应，就能把握其信息的传输机制。

城市空间导向信息系统可视为类似黑箱环境中的不同信息的组合，它们结构复杂又彼此相连、功能相关同时又各有差别。如果我们从整体层面出发，提炼出系统的要素，然后在功能分析与系统建构的基础上对导向信息系统进行综合评价，就可以确认该系统的特征和综合指标，建立正确的信息传播途径，以实现系统功能的最大化，着重从整体与部分之间、整体与外部环境之间的相互联系中做出最优的信息分析与综合，从而达到全面解决问题的目的。

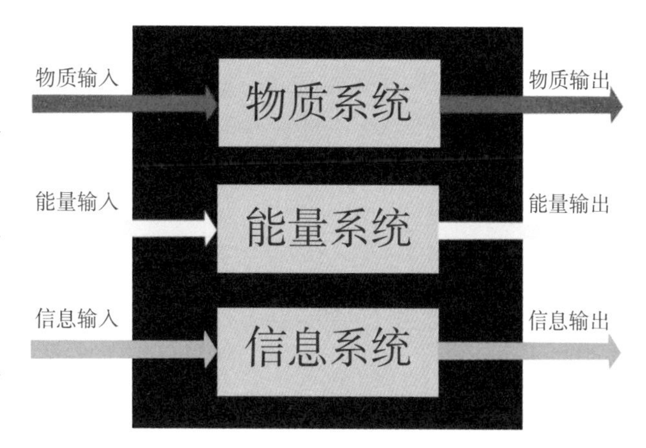

图2-22　黑箱现象

“黑箱现象”从工程技术到社会领域，从无生命系统到有生命系统，从宏观世界到微观世界，提供了一条把握规律的重要途径，尤其对内部结构比较复杂的城市环境信息系统各组成要素的整体把握和认识是非常有效的（图2-22）。

2.3　认知地图与空间环境的“可读性”

知觉是认知的重要组成部分，也是认知心理学的基本研究内容之一，而认知地图与认知和知觉密切关联，它是空间知觉的基础。

2.3.1　空间知觉

空间知觉是人对物体的形状、大小、远近、方位等空间特性形成的知觉感受，是在人的后天实践中逐渐形成、发展和完善起来的。空间知觉包括形态知觉、大小知觉、距离（远近）知觉、深度（立体）知觉、方位知觉等。

空间知觉对人而言是一种不可或缺的能力，因为人在环境空间里进行各种活动时，需要时刻对高低上下、远近大小、前后左右等做恰当的判断，否则可能出现问题甚至发生危险。日常生活中的上下楼梯、跑跳行走、驾驶汽车等行为，都是依靠空间知觉的准确判断，它是人的五种感官协同配合、相互作用的产物，其中视觉和听觉感受起着主导作用。生活中很多人会认为自己具备出色的空间知觉能力，也有人感觉自己缺少这方面的能力。

空间知觉能力属于无须依靠环境或者环境提供的外力而仅靠个人的感觉就可以判断空间特征的天生本能。经科学分析，人的绝对纯粹、敏锐的空间知觉能力其实是不存在的。既然人不能完全依靠直觉寻路，那就必须借助外界环境赋予的引导条件来实现。那么人与外界环境是如何进行沟通的呢？心理学家做了很多动物试验，针对动物观察外界环境时的行为特征进行研究，特别是针对动物在认知过程中知觉外界环境信息并组织形成环境再现的认知地图的研究，来判断人类的空间知觉行为的来源与运作规律（图2-23）。

图2-23 空间知觉

2.3.2 迷宫与认知地图

1. 白鼠迷宫（图2-24）

迷宫是人们对于未知的环境空间以及自身在其中所产生的迷惑、恐惧的极端空间形式和心理范式。迷宫象征隐含的危险时刻隐匿在人们的生活中，制造迷惑并让人迷失，它诱发了因为迷路而产生的恐惧情绪。迷宫为研究人类寻路这一空间知觉行为的产生原因提供了一个恰当的人工模型，它能够折射出环境空间中人的行为特征，并可以启发人们发现某些规律。

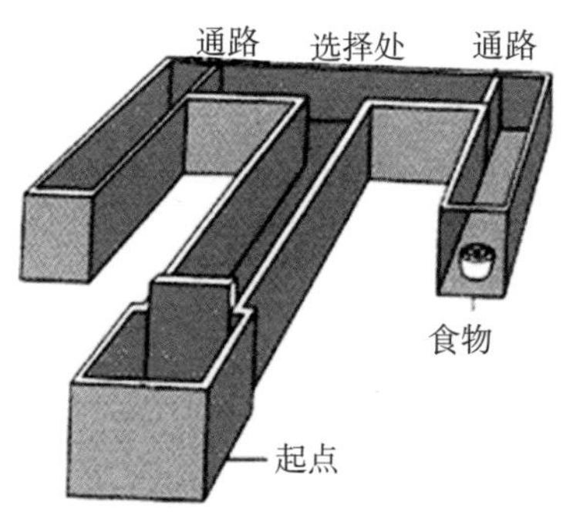

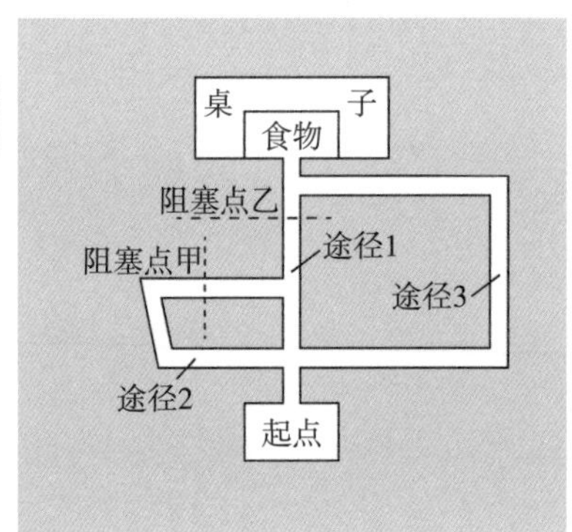

图2-24 白鼠的位置学习试验图

美国心理学家T. C. 托尔曼曾经根据动物试验“白鼠学习迷宫”验证了白鼠不仅可以产生刺激—反射这样简单的生理现象，还可能产生比较复杂的空间知觉行为，它可以收集、整合环境空间信息并对空间意象进行相应的组织。白鼠能够意识到它所处的空间位置与它想要抵达的一个或几个点的位置关系，因此会将环境空间中不同地点之间的相对位置再现，再建立起连接这些地点的路线，托尔曼将这种信息组织方式称为“认知地图”。该试验修正了前人的部分观点，得出这样的结论，动物并不是通过学习在一连串刺激和反应之间建立联结，而是通过大脑对环境形成新的印象，在获得达到目的的手段与路径中，建立起了完整的“符号·格式塔”模式，相当于现场地图在头脑中的模拟。

2. 寻路者认知地图

通过认知，寻路者将周围的各种事物转化为对其基本信息的感受，形成简化、概括、可记忆的图像或意象。这种空间知觉意识的建立对寻路行为具有重要的意义，它可以在大脑里形成一种类似地图一样的具有空间定位功能的、三维的、动态的城市局部环境空间的综合表象，是寻路者对外部环境中事物特征和分布等综合信息建立空间知觉的主观反映（心理感受），被称之为“寻路者认知地图”。它包括事件的简单顺序、方向、距离和时间关系，是人脑对外部环境中的受寻路行为特征和环境空间类型的影响，形成了独特的认知地图类型与空间结构。寻路者认知地图一般具有多维信息的综合再现、模糊性和片段性、个体差异性等特点，它不仅是人们对外界环境形成空间知觉的记录和对同一特定环境的个体认知的交集与共识，在某种程度上也折射出该环境的特征，是为下一步针对此环境的寻路行为做出决策并采取行动的重要参考信息。

在影响人们寻路过程的各种认知方法中，类似于寻路者认知地图那样经由空间知觉产生的作用远大于仅仅依靠分析所形成的思维上的改变。在进行导向信息设计时应借鉴“认知地图效应”，判断究竟哪些环境空间信息应该得到明确，信息应该以什么方式实施布局，采用什么形式完成传播，应怎样将设计逻辑贯穿于整个设计过程之中（图2-25）。

通过对大学校园认知地图调研结果的分析，
得出学校环境的公共意象范围、意象空间结构、
同一性、一般意象元素和特殊意象元素，
从而让我们更好地了解认知地图和校园环境，
并对校园环境设计做出指导性建议。

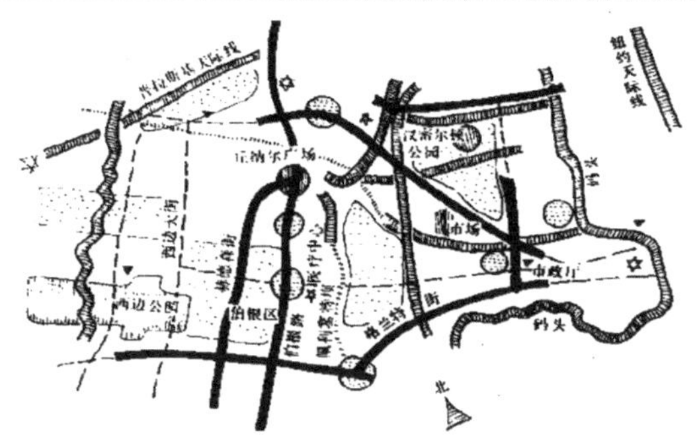

根据现场踏勘而绘制的泽西城认知地图

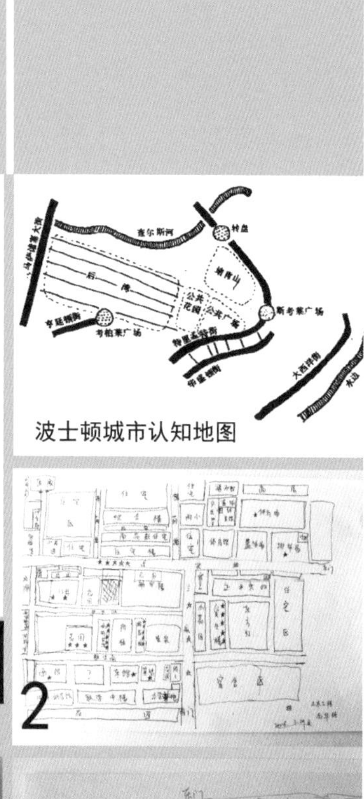

校园认知地图

西北工业大学校园认知地图研究

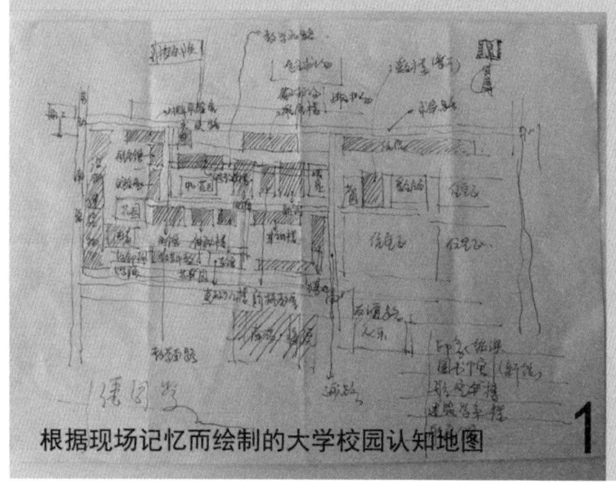

图2-25　认知地图

2.3.3 空间意象的五个要素

美国城市规划学者凯文·林奇在《城市意象》中对类似于“认知地图效应”的构成公众意象的物质形态进行了有价值的研究，将认知地图的意象形式与环境设计联系在了一起，并运用在城市规划中，其重要观点就是城市环境空间的“可读性”——即“在保证实效性和安全性的同时，城市应该有能力为人们创造一种特征记忆和识别”。他认为：“一个可读的城市，其街区、地标或是道路，应该很容易识别，进而组成一个完整的形态，具有开启人们想象力的能力。”组成城市空间环境的各要素应该有特色、有结构性关系、有特定的隐喻，这三点是构成人们对城市意象感知的因子。

凯文·林奇提炼出的反复出现在不同空间意象的认知地图五个构成要素是道路、边界、节点与中心、标志物和区域（图2-26）。

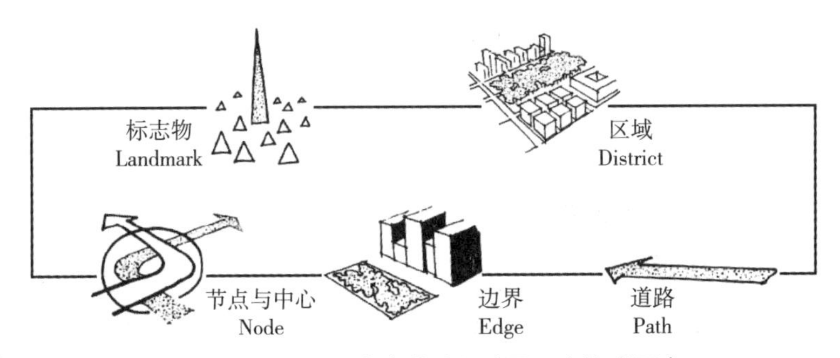

图2-26 不同空间意象的认知地图五个构成要素

1. 道路

道路是观察者经常地、偶然地或者无意识地由一地通往另一地的行动路线，是人、物、信息移动的线性空间和人、物、住处展示的场所。道路一般与人的方向感联系在一起，道路的一端是人为目标的设定。人们在寻找目的地的过程中，大都以区域主要道路开始进行分区，这是人类的天性。

2. 边界

边界是辨别不同区域的分界线，既包括类似河岸、沟壑、围墙等不可穿越的屏障，也包括树篱、台阶、地面铺装等示意性的可穿越的边界。

3. 区域

区域是具有一定共性特征的相对较大的空间区域。这一共同特征在区域内是共性，但相对于这一空间之外就成为与众不同的特性，从而使观察者易于把这一空间中的所有要素看作是一个整体。

4. 节点与中心

节点与中心是观察者进入城市空间的战略焦点，在其行程中非常关键，如城市空间的转折点、道路交叉口、方向变换处、广场等行人集散处。

5. 标志物

标志物是特征鲜明、形象明确的固定参照系，一个纯粹的点状要素，是观察者感受外部空间的参考点，如一座山丘、一座建筑物或者构筑物，甚至一组树林、路牌乃至建筑物的细部结构也可归为一种标志。

2.3.4　场所精神的营造

场所精神原来是建筑学领域的概念，是指人类日常生活与交流的场所应该呈现明确的空间特征并能产生行为意义。环境空间不能永恒固定，但它会在一定时期内真实地反映空间的精神性，对相关的群体持久地产生影响，约束人在空间中的行为方式，这样的空间就是具备 “场所精神” 的。“场所精神” 折射出人类精神层面的追求——认同感、归属感和尊重感，目的是建立能为人们所使用和体验的人性空间。

如果城市环境空间缺乏识别性，公众就会丧失对空间环境的认同感。因此在导向信息规划与设计过程中，应该以促进人和城市环境的和谐关系为出发点，利用各类自然与人文环境资源，塑造具有鲜明特色和识别性的空间意象，充分体现城市的空间特征、文化特征和时代特征，让人们通过信息引导去感知城市独特的空间气质，进而对城市建立情感认同并产生归属感，促进充满“场所精神”的城市环境空间的营造。这种设计表达，除了合理的功能满足和恰当的视觉表现外，还需要对城市空间环境进行进一步的解析，强化与环境空间多层次、多角度的对话，并通过可视化的信息设计表达出来。

2.4　空间知觉与寻路行为的关系

在城市环境空间中，寻路者的行为方式复杂多变，对其行为规律的研究尤为重要。不论是哪种类型的导向信息，都必须尊重寻路者在空间中的行为规律，将环境空间特征有组织、有针对性地传达出来。应全面掌握人与环境空间的内在联系和相互作用，将人的空间知觉行为特征、认知行为规律以及对信息传达的影响作为一个整体来研究，最终建立符合寻路者认知习惯的城市空间导向信息系统。

2.4.1　环境空间中的寻路行为

寻路行为也称为辨向本能（图2-27），属于认知心理学中空间知觉的范畴，通常是指人们日常出行时针对环境空间的认知过程。人们寻路时通常通过收集环境空间信息和建构认知地图来判断方位。当判断正确时则到达目标地点；反之则继续通过上述行为来改变当前状态完成新信息的获取，再进行认知地图的修正，直至获得目标地点的正确路径。通过认知心理学分析可知，在环境空间中判断自身方位是人最基本的生物性特征之一，人们在寻路过程中能够识别和感知环境，是因为通过认知地图再现了环境空间意象。

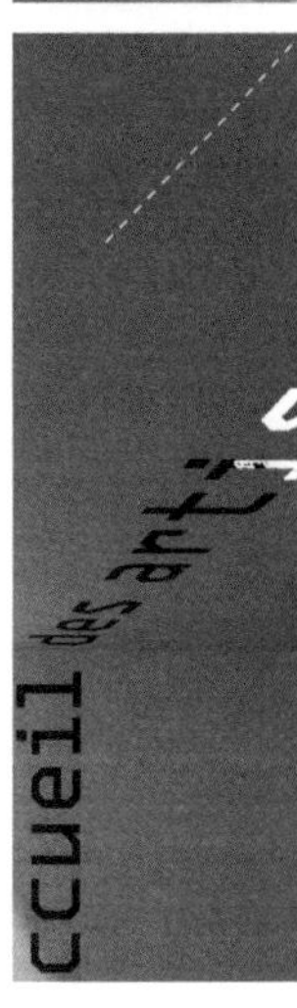

图2-27　环境空间中的寻路行为

在凯文·林奇的《城市意象》中，寻路一词主要被用于说明人们是怎样通过构成城市意象的五个要素——道路边界、区域、节点与中心及标志物在城市环境空间中寻找目标地点的，目的是反映出外部环境与人类感官的连续互动的过程。而环境行为专家道斯将寻路行为界定为人们为了解自身所处的状态而实施有利于决定的过程。学者帕西尼则认为："寻路是寻求空间问题解答的一种活动，包括人对环境空间的感知和认知，并且将环境信息转变成寻路的决策和行动计划，最后在适当的地点将计划付诸行动。"

2.4.2　环境空间与人的空间行为的关系

环境是行为的潜在因素，环境只有在适当的行为配合下才能产生影响，而不是以一成不变的固定方式影响行为。人是决定行为的主要因素，外显行为的发生取决于内部原因，人们能够对作用于他们的外部环境进行选择、组织、加工，并以此来调节行为。

行为是与环境相互作用时的决定因素。行为对环境的影响，一方面可以使环境的因素得以启动，另一方面可以创造环境。对于城市环境空间与人类行为的关系而言，可以认为空间的使用既由人决定，同时又决定人的行为：

第一，城市环境空间是各种功能的载体，只有人的介入，并与人的行为产生联系，才会具有现实意义。假如没有城市环境空间作背景，缺乏相关的氛围条件来支持，行为也不可能产生，空间与人的行为的结合，构成了具有使用功能的场所，这样的空间才具有实际意义。

第二，人是环境空间的核心和主体，是环境空间不可分割的一部分，人在不同的环境空间中有不同的行为表现，二者通过交互方式达到动态的平衡。人在环境空间中的行为既有一定规律，又呈现较大的复杂性与随机性，应注意处理好环境空间与行为表现的关系。

对人在城市环境空间中寻路行为特征的研究将为空间导向信息系统的规划与设计提供重要的参考依据，只有在符合人对环境的认知方式，了解人在何时需要何种信息的前提下，系统才可以正确而有效地被使用。可通过人们寻路时对不同环境所表现出的不同反应的判断，来分析人的环境行为特征与认知方式，认识并理解行为与环境的关系，建构人与环境动态平衡的联系，最终在环境空间的整体框架内，对导向信息资源进行合理的组织和分配，从而进行整体、综合的规划设计。

2.4.3　人类环境行为的特点

人类行为的空间界限包含直接活动的环境空间范围以及间接活动的环境空间范围。环境空间影响下的人类行为是具有差异性的，往往表现出不同的行为规律性。针对人类行为与环境空间之间关系问题的研究，主要关注点在人类的环境知觉、环境认知和外在行为的机制作用上。结合对人类环境行为的特征分析，从某种程度上能够通过人类认知行为的特征来发现人类寻路活动时针对环境空间导向信息表达策略的规律。

人与环境空间的交互作用主要体现在环境空间影响下相对应的人体反应。当人的感觉器官受到来自于外界环境因素的刺激后必然产生相应的生理与心理反应，而人的这种感受常常以外在行为显现出来，通常我们将这种行为表现称为环境行为。人类环境行为的特点主要包括主动性、动机性、目的性、因果性、持久性和可塑性。人类行为的状态主要呈现为正常、非常和异常状态。

2.4.4　人类环境行为的模式

人们在环境空间中的移动，就形成了人群的流动。某个特定时刻的人群流量和流动模式会受到特定的社会规范（比如上下班的早晚出行高峰）的影响，在正常情况下，人群的流动具有一定的规律性和倾向性（图2-28）。

图2-28　人类环境行为的模式

1. 左侧通行

在大多数国家的城市街区，除了单行路，车辆都是靠道路的右侧通行，人们常采取左侧通行。人的这种习性将直接影响导向信息载体的布局，在容易出现人流拥挤的过渡空间里，应充分考虑左侧通行的习性，以便在紧急时刻能够通过导向信息的科学配置，安全、高效地疏导人群。

2. 左转弯

在公共场所跟踪、观察人流的趋向，能够发现左转弯（逆时针方向）的情况比右转弯要多。因为多数人下楼时向左侧回转感到既安全又方便，实测经验也得出结论，左向回转楼梯比右向回转楼梯下楼速度更快。这种向左转的本能，除了对购物、观展等室内空间的布置具有指导作用，对于安全疏散通道和安全导向信息的设置更是意义重大。

3. 抄近路

无论在室内还是室外环境中，当人们明确了自己要抵达的目标地点时，多数情况下总是选择最近的路程，因为这样省时又省力。设计时应充分考虑人们抄近路的行为习惯，通过合理而有效的道路规划和导向信息提示来满足人在环境中的这一行为特征。

4. 识途性

我们普遍有这样的经验，初次来到一个陌生的地点，由于对该环境不熟悉，常常是摸索寻找到目标地点办完事情后，大多数情况下又按原路返回，这就是识途性。在导向信息的规划设计时，应该利用人的识途性本能，将出入口处清晰标明疏散口和安全通道的方向和位置，就可以起到警示作用。

5. 沿边的依靠性

通常情况下，人在环境中倾向于选择那些视线开阔又便于自我防卫的地点就座，于是常常在墙边、阴角、廊下等依靠物的附近汇聚，表现出沿边依靠的规律。依靠性的本质是人们渴望在环境中依托于某一实质要素的愿望。遵循这一规律，可以将综合导向信息集成于此类区域周围的视线触及范围内。

6. 趋光性

光是宇宙中与人的关系最为密切的要素之一，光明象征了希望与安全，明亮的环境较昏暗的空间更加受人欢迎，与很多动物一样，趋光性也是人类的本能。因为明亮的物体给人的刺激强度大，所以室内环境中引人注目的往往是光亮度较强的物体。这一特点对导向信息的规划设计具有指导意义，可以在主出入口等关键节点设置灯光作为导向设计的环境衬托，起到提示与警示的作用。

7. 从众性

从众性是动物的本能。当在自然界中遇到异常情况时，少数动物向某一方向逃跑，其他动物会立刻紧随其上，这就是追随本能即从众性，人类同样具备这种习性。人在非常时期的从众性本能有时会非常危险，比如当人们在某一室内环境遇到突发灾难时，因为慌张而无法准确判断逃生路线，往往盲目追随前面逃生的人群。这一特点提醒我们合理布局安全指示照明和声音导向信息，在紧急情况下提示人群向安全区域疏散。

8. 集合性

人是社会性的动物，因此需要经常参与集体生活，在这一过程中，一方面渴望自身行为有参照的坐标并得到社会认同，另一方面可以获取社会文化方面的信息，使自己内涵丰富且充满活力，所以人们常常选择公共场所作为聚会地点。通过观察分析，适当的人际距离通常会使人身心愉快，产生积极的社会交往效果；反之则会出现令人尴尬、烦躁不安、疏远冷漠等状况，从而产生消极的社会交往效果。影响人群集合特性的因素很多，除了受性别、年龄、个性特点和社会地位的影响，还受环境因素的影响（包括自然环境、社会环境和人工环境）。

上述特征在某些特殊环境中也会产生非常态行为，比如：

1. 集群行为

个体之间产生的联系和相互作用达到了足够的有效、持久、广泛、密切和融洽，形成了狂热的、非常规的、短暂的和自发的行为特征。

2. 避险行为

在各种突发事件或灾害面前，由于事件的意外性和突发性，人们缺乏心理准备；或由于巨大的心理压力，暴露了人的本能，就会产生诸如求生、躲避、趋光、追随、患难相助或同室操戈的行为特征。

3. 人群灾害

在一些容易形成异常警觉的环境空间中，由于特殊或偶然的原因，引起群体性恐慌或骚乱而产生人身伤害的行为特征。

4. 幽闭恐惧

幽闭恐惧在日常生活中有时会遇到，是指开放的环境空间被隔断为封闭的、断绝了与外界的直接联系，使人产生危机感、不安全感甚至绝望恐惧的行为特征。

人类在环境空间中还会产生很多特殊的行为，尚待我们进一步总结，在进行城市空间导向信息系统的规划与设计时，应该因地制宜地结合空间环境的现实来发现、研究这些行为，有预见性地建立科学规范的信息传达。

第3章

数字化时代的导向信息系统

数字化时代的到来是人类社会又一次巨大的进步，它从根本上改变了对信息的接受、处理、储存和传播的方式。互联网技术则极大地推动了全球传统行业领域的转型与升级，其自身更是在快速地创新和发展。在集成了云计算以及云存储等新技术的基础上，以网络信息通信和新媒体为载体的信息设计成为全新的信息传播手段中的最前沿的领域，它凭借着高科技性、高感动性及跨领域性成为提升传统信息技术创新的关键节点，也为信息设计提供了强大的技术支持。基于信息传达的导向信息作为一个开放的系统，也在与其他相关学科的交叉和融合中通过新技术和新材料的应用，在城市功能转型和城市化进程中，集成了更加多元的手段。

3.1 数字化时代的信息系统构建

研究发现，人类对信息或知识的判断、接受受到自身生理机能和心理状态的影响十分明显，其中涉及个体的遗传基因、生活经历、教育程度及整体的社会、文化、环境变迁等因素。在信息设计过程中，应结合人类自身的差异性以及在认知过程中的感觉、知觉、记忆、联想、思维和情感等因素，对信息的构成机制、构成要素和传播原理进行判断分析，采取跨学科、交叉性和通用性的原则，结合城市空间环境特征，在一个共通的平台中寻找新的理念与方法。

3.1.1 信息的概念

信息是以适合于通信、存储或处理的形式来表示的知识或消息，它以不同的方式广泛存在于自然界和生活领域。“信息”一词在不同的地域会根据自身的历史沿革和文化语境对其做出相应的界定，比如在英文、法文、德文、西班牙文中均称为“Information”，日文称为“情报”，我国台湾称为“资讯”，我国民间则称为“消息”。

在这里，我们引用美国数学家、信息论创始人克劳德·艾尔伍德·香农（Claude Elwood Shannon）于1948年在《信息学研究》一文中对信息（Information）的定义，即“对不确定性因素的减少或消除”，或者说“对确定性因素的强调或彰显”，即把消息中有意义的内容称为信息。

3.1.2 信息的基本特性

1）主观和客观的两重性：信息是客观事物发出的消息，它以客观为依据；信息是人对客观事物的感受反映到感觉器官，并通过大脑思维完成重组。

2）无限延续性：信息在时间上能无限延续，在空间上能无限扩散。

3）不守恒性：以声、光、色、形、热等构成的自然信息，以及各种通过符号表达的社会信息都可以扩散、湮灭，放大、缩小，畸变、失真。信息的不守恒性演化出千变万化、纷繁复杂的物质世界以及神秘莫测的精神世界。

4）可识别性：可分为直接识别和间接识别。直接识别是指通过感官的信息识别；间接识别是指通过各种测试手段的信息识别。

5）可存储性：信息可以通过不同方式进行存储。

6）可扩充性：信息可随着时间的变化不断扩展。

7）可压缩性：信息可进行加工、处理、概括、归纳、提炼。

8）可传递性：信息可多方向、多角度传递。

9）可转换性：信息可以由一种形态转换成另一种形态。

10）特定范围时效性：信息只在特定的空间和时间范围内是有效的。

3.1.3 信息的分类与原则

信息可以为了某种目的，在一定范围内，按照信息的内容、性质及使用要求等，按既定的结构体系分门别类地组织起来，以强化对信息意义及特征的认识。

按照任何确定的标准，从任何角度都可以对信息进行分类，有很多分类方法，比如时间分类法、内容分类法、主题分类法和综合分类法等。

以视觉传播方式中与导向信息有关的分类原则和范畴，可归纳为以下类型：

1）文字信息：通过文字和数字（数据）表述的信息资源。

2）声像信息：通过视听方式，以声音、影像、图形符号等形式表述的信息资源。

3）实物信息：通过实物、样本、模型、装置物等直观、现实的形式表述的信息资源。

以上三种信息类型根据使用条件、使用功能和信息载体性质，每一类还可进一步划分成长期信息、临时信息、告知说明信息、提示警示信息等。

信息分类应遵循以下原则：

1）科学性：是指信息分类的客观依据。通常是用事物或概念最稳定的本质属性或特征作为分类的基础和依据。

2）系统性：是指将选定信息的属性特征按其内在关联性，通过规律性的排列建立系统化，产生一整套有机的具有特定功能的分类体系。

3）可扩充性：是指信息分类的建立应能够满足整个系统持续扩展以及变化的需要，使之有可能成为从属于未来更庞大系统的一部分。

4）兼容性：是指当信息分类涉及一个或几个其他信息系统时，信息的分类原则及类目设置上应尽可能与有关的标准取得一致。

5）综合实用性：是指分类要从系统工程的角度出发，把局部问题放在系统整体中处理，达到系统的综合实用。

3.1.4 信息的处理方式

信息的处理是指从数据→信息→信息系统的加工处理过程（图3-1）。数据是指未经过加工及其分析的事实。信息是指已分析和处理并经过组织的数据。信息系统是指经过数据的采集筛选将其转换成能够被利用的信息。

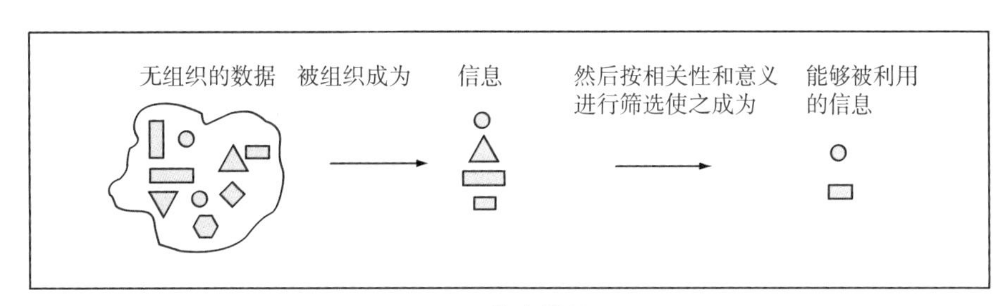

图3-1 信息的处理

1. 信息的收录

信息的收录是指对有效信息的接收、采纳。信息系统的收录功能决定于系统所要达到的目的及系统的能力和信息环境的许可。

2. 信息的存储

信息的存储是将经过秩序化后的信息按照一定的格式和顺序经存储后，以备将来应用的一种信息处理方式，目的是便于信息管理者和信息用户快速、准确识别、定位和检索。信息储存不是一个孤立的环节，它始终贯穿于信息处理的全过程。

3. 信息的传达

所有的信息传达都是以图形符号为载体来完成的。导向信息就是通过图像、文字、符号、色彩、声音等视觉形态的综合运用将方位信息视觉化、层次化、秩序化的技术过程，表述单靠文本或数据很难解释方位信息间的相互关系。

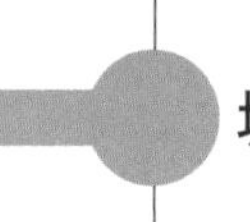

3.2 信息设计中的图形符号

3.2.1 信息设计释义

国际上第一个提出信息设计（Information Design）称谓的是英国平面设计师特格拉姆在20世纪70年代为了与传统的平面设计和产品设计概念相区别而特意强调的。

1）概念：是指对信息进行研究、处理的技巧和实践，借此提高信息的使用效能。在计算机技术和信息技术领域，信息设计又可称为“信息架构”。

2）特征：进行有效的信息传递，属于多学科交叉研究的领域。

3）功能：针对特定人群，对一系列相关信息建构合理的可视化逻辑结构。

4）意义：信息设计结合不同类型的信息以及信息量所形成的具体应用很多，涉及社会、经济、文化的各个层面，设计方法被广泛应用到包括网页、UI、图表、手册、型录、出版物、标识、广告、说明书、样宣等信息媒介的设计实践中，需要系统的数据组织功能，也就是要对信息的系统、数据库和数据结构完成编辑、处理，是具有跨学科、跨行业、跨产业，技术性、系统性、综合性强的新兴行业，它时时刻刻地影响着我们的生活。本书所涉及的信息设计建立在视觉设计基础之上，侧重于信息设计中的空间环境导向信息设计领域（图3-2）。

图3-2　空间环境导向信息

3.2.2 符号与符号学

认知心理学将符号解释为表征的一种形式，即“符号性表征”，是用代表概念的语词和符号来表征事物，它具有抽象性、普遍性和多变性的特征。符号一方面是携带意义的载体，即符号就是意义本身；另一方面它又是可以被感知的客观形式，是人类认识客观世界和表达主观情感的物质手段，只有依靠符号的作用，人类才能实现认知的完成和知识的传递。符号无处不在，包括语言、文字、数字、音乐、绘画等各种涉及人类知识的传承和交流的生活形态和生产创造的概念，即现实世界中的每一个反映在人的精神世界中的事物，都可能被符号化，都属于符号的范畴。

符号学（Semiotics，Semiologie，Semiology）即意义学，“是研究符号的学说”。1964年，法国社会学家、符号学家罗兰·巴特撰写了著名的《符号学原理》，形成了完整的符号学理论体系，并以此为象征，符号学成为一门正式的学科。20世纪60年代末期，以法国和意大利等国为主成立了国际符号学协会，逐步发展到欧洲各国，各种理论体系逐步完整并形成了多种研究流派，比较有代表性的一般认为是德国哲学家E.胡塞尔的现象学、瑞士语言学家索绪尔的结构主义和美国符号学家皮尔斯的实用主义。目前，对符号学的研究正在成为一种科学研究的国际流行趋势。

3.2.3　符号的分类

从理论上讲，按照任何确定的标准都可以对符号进行分类。历史上相关研究领域以各自的研究视角和依据对符号进行了分类，形成了多种符号学理论体系，如果按照理论形态的符号分类可分为：

第一，卡西尔哲学符号学（新康德主义）和皮尔斯哲学符号学。

第二，索绪尔影响下的罗兰·巴特的语言结构主义符号学。

其中比较公认的是现代符号学两个主要创始人——美国符号学家皮尔斯和瑞士语言学家索绪尔。

1. 皮尔斯与符号三分法

在美国符号学创始人皮尔斯看来，符号分类就是人类认知方式的分类——过程、方式和结果。他创立的符号三分法，把符号分为图像符号（Icon）、指示符号（Index）和规约符号（Symbol）三个层次。

1）图像符号：被视为直接意指的符号，是符号形体模拟它所表征的符号对象之间的相似性而构成的，人们通过形象的相似辨识图像符号的指代。

例如汉字的“中”和“币”，虽然这两个字各自都具有表意性，都具有图形特征，但彼此之间没有什么意义上的关联（图3-3）。

2）指示符号：是符号形体与被表征的符号对象之间存在着一种直接的因果或临近性的联系，具有时空上的关联，人们通过指示符号来辨识符号的指涉，它简略的图式具有直观的特性。

例如将上节所说的汉字“中”和“币”分别转换为图形语言并进行同构，二者之间因此具有了形的相似性，也就产生了意义上的关联性（图3-4）。

3）规约符号：靠社会约定符号与意义的关系，具有双重意义，也称为象征符号。

第一层是符号的本意，即理性意义；第二层是符号经过类比或联想获得的性质上的相似性，不是形态上的相似性，它是群体思维共识的产物，具有象征意义。

例如以汉字“中”和“币”进行引申，中国银行标志采用了中国古钱（“币”字符号的本意），与“中国”（“中”字符号的本意）为基本形，古钱图形是圆形的造型设计，中间方孔，上下加垂直线，形成与“中”字的形态同构，外圆象征全球发展，寓意为中国与世界的联系（象征意义），给人的感觉是简洁、稳重、易识别，寓意深刻，颇具中国风格。在本书中，将重点以规约（象征）符号作为主要对象进行探讨（图3-5）。

图3-3 “中”与“币”

图3-4 “中”+“币”

图3-5 中国银行标志

图像、指示和规约表明了符号可能的性质，三者之间彼此依存，互为联动。在信息传达过程中，图形、文字等视觉元素构成了信息的符号系统，此系统在整体编排中赋予它们特定的指涉功能，当指涉功能与其客体功能相一致时，就能准确地产生信息传达应有的功效。

图形与其客体之间存在着程度不同的相似性，具体表现为：

其一，图形符号是与其客体极其相似的再现性符号，如很多产品说明书中所呈现的产品实物照片就是一个再现性图形符号。

其二，象征性的符号与客体之间在概念上具备共同的性质。如某家银行选择中国古钱币作为其标志，这就是一种隐喻，古钱币与银行在概念上的共同点就是价值、权威和历史感。如果银行用其他耳熟能详的文化符号作为标识寓意，那它的隐喻就有可能反映出银行所具有的其他方面的特点和气质。

2. 索绪尔与能指和所指

瑞士语言学家索绪尔将符号看成能指和所指的结合，他认为符号其实就是“用一个东西来指代另一个东西”，由能指（Signifiant）和所指（Signifie）两部分组成的一个整体就是符号。

1）能指：就是符号形式，是符号的语音形象。

2）所指：就是符号内容，是符号的意义概念部分。

能指和所指构成了语言符号的一体两面——二元关系，不可分割。我们应该了解符号的二元关系，通过对不同文化语境下的符号分析来建立象征符号的最佳视觉表达方式。

如果对照索绪尔的符号学原理，以我国传统民间文化中代表爱情的茉莉花符号为例，茉莉花的实体形象是能指（语音和形象），所赋涵的爱情寓意是茉莉花的所指（意义概念），二者结合构成了象征爱情的茉莉花图形符号，寓意美好纯洁（图3-6）。西方文化中代表美好爱情的花卉是玫瑰花，我国是茉莉花，这是细微的差别。

图3-6　茉莉花与玫瑰花

在西方文化中猫头鹰是冷静、智慧的象征，常常作为公正、贤明的裁判出现。而在我国传统文化中，猫头鹰则是厄运的先兆，民间谚语中就有“夜猫子（猫头鹰）进宅，无（坏）事不来”之说，这样的差别就很大了。有人会认为，按照国际规范，导向信息中公共卫生间的图标一般通用男女人形图标来表示，中国人理解，西方人也理解，所以它的能指和所指并无明显的思维差异。其实不然，西方人表示“六”的时候，得伸开六根指头，而中国人只需伸出大拇指和小拇指就可以表示（图3-7）。西方人最终用所指（对象）来体现意义，而中国人则用能指（名称）进行表达，这个时候不同文化影响下的思维差异就显露出来了。

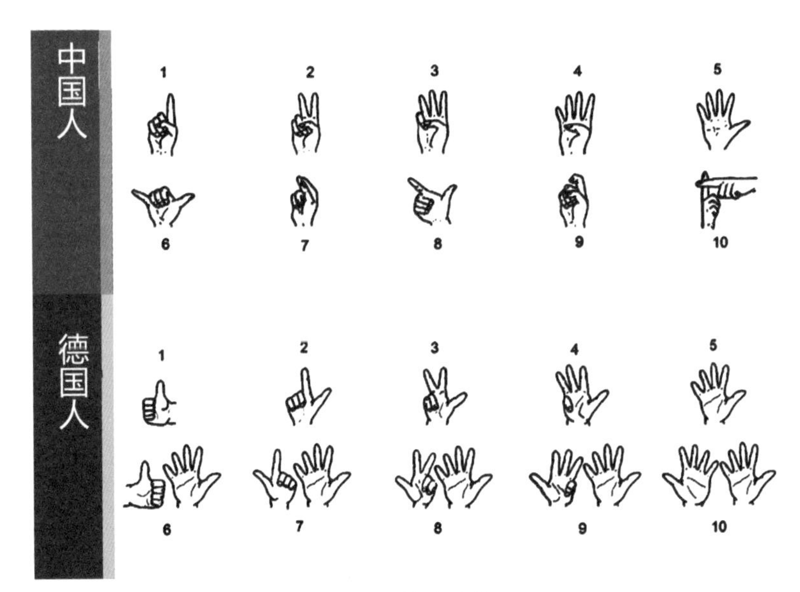

图3-7　数字手势

3.2.4　图形符号

广义的图形符号概念是人们共同约定用来指代一定对象的标志物，其意义相当于认知心理学里的“表征”，具有识别性、广谱性、独特性和限定性，包括文字、图标、图像、图表等。认知心理学的研究结果表明，视觉认知是人类学习和交流的重要手段，人类有80%以上的信息是通过视觉体验得到的，它对人类认识现实世界起着决定性的作用。由于形象思维的速度和效率远远快于抽象思维，因此利用视觉对事物分析和判断的速度和效率也明显高于其他感官体验，而图形符号所具备的形象、直观的优势，很容易被视觉捕捉并被感知、理解和记忆，特别是在面对大量繁杂的信息时，图形符号帮助人们将隐含其中的性质与规律进行清晰的呈现（图3-8）。

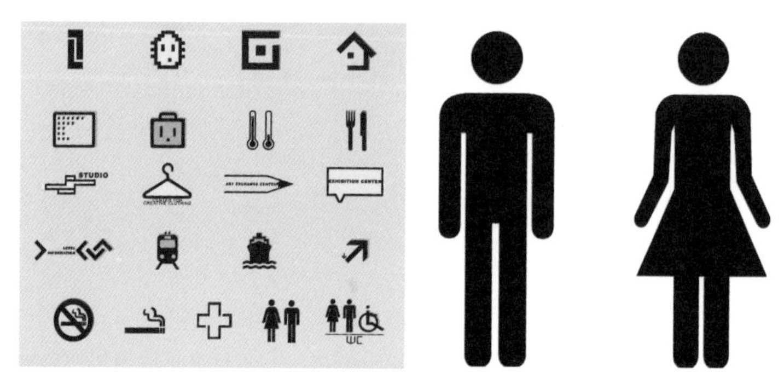

图3-8　图形符号

3.2.5　图形符号的功能

图形符号作为信息的载体和认知的媒介，可以任何形式通过视觉形象来显示意义，是信息存储和记忆的工具，又是表达思想感情的手段。现实生活中经常会出现用不同形式的图形符号来表达相同特征事物的情况，为了便于公众的识别，就需要将意义相近、易形成视觉共识的主题内容进行归类，制定统一标准的通用性图形规范，让图形符号在不同领域中传播的识别性进一步提高。比如，长期以来，人类梦想着创造一种与自然界的其他物种进行沟通的语言。经过长期的研究试验，美国佐治亚州立大学语言研究中心于1971年创造了一种通过图示作为人类跟黑猩猩进行沟通的人工语言工具——耶基斯语（Yerkish，Lexigram/符号字），总计有384个常用图形符号，从手势动作到声音指示符号，从文字到声波符号，涉及各种视觉图形。耶基斯语是人类和灵长类动物沟通，特别是与黑猩猩之间沟通最有效的工具，黑猩猩在识别并记忆这些图形符号后就可以通过键盘按键或"符号字"法与人类进行沟通，这些图形符号对应的不仅仅是一个物体，而是一种概念（图3-9）。

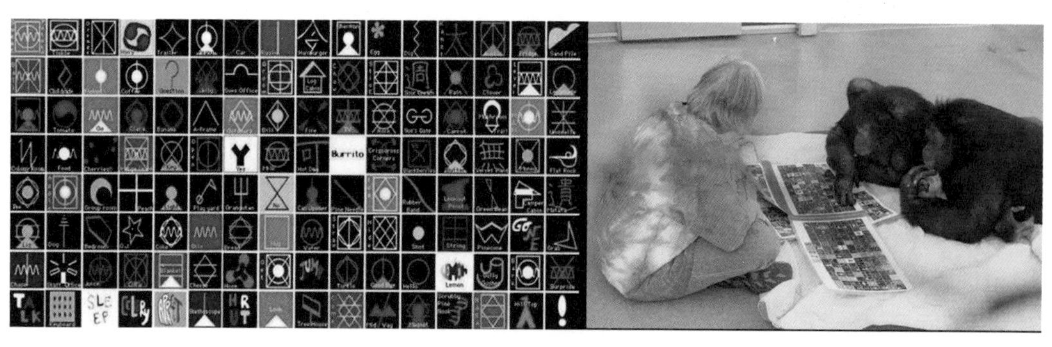

图3-9　耶基斯语符号

图形符号的属性决定了它可以直接与公众进行交流、沟通，并能够提升公众获得信息的概率，因而它在信息传播过程中扮演着关键的角色。而作为识别方位信息主要方式的导向信息设计是基于符号学的基本原理，把握符号特征，发掘符号的潜能，将新的象征和观念导入符号意义，再将其通过图形设计手段，衍生出导向信息的图形符号系统，它是导向信息系统的基础元素（图3-10）。

图3-10　符号意义

3.2.6 图形符号的意义

俗话说“一图抵千言”，出色的图形符号所蕴含的信息量要远远超过文字，尤其是传达含义相对复杂的信息时，图形符号可以促进快速和清晰的理解。

早在语言和文字形成之前，就有了图形符号的雏形，虽然原始人类在岩洞内凿画、在兽骨上刻划的目的，在考古学家看来有记录狩猎成果、图腾崇拜、驱邪免灾、艺术表现等功能，但以符号学理论来解释，这些行为的背后真实地反映出它其实是在人类还不具备语言或文字表达能力的情况下，利用描绘这种方式来记录事件、事项的图形符号，是文字的雏形，它最终形成了一种具有目的性的信息交流方式。只是到后期，史前人类的涂画行为逐渐朝着两个方向演进，一个演变为文字，另一个进化为艺术表现。由此看来，在人类社会长期的演化过程中，如果说文字始终是记录和传播人类文明的主要工具，那么图形符号则以其简明、直接的特点成为认知和交流的关键手段，尤其在跨地域、跨文化的交流成为大趋势的现代社会，它以其跨越语言和文字边界的能力愈加显现其重要性。图形符号不仅是发现、传播、记录信息的有效方式，而且呈现出具有发现新意义与知识的潜力，用简单而准确的图形来转译为有意味的视觉语言，结合具体的语境，完成对信息意义的“预先感知”（图3-11）。

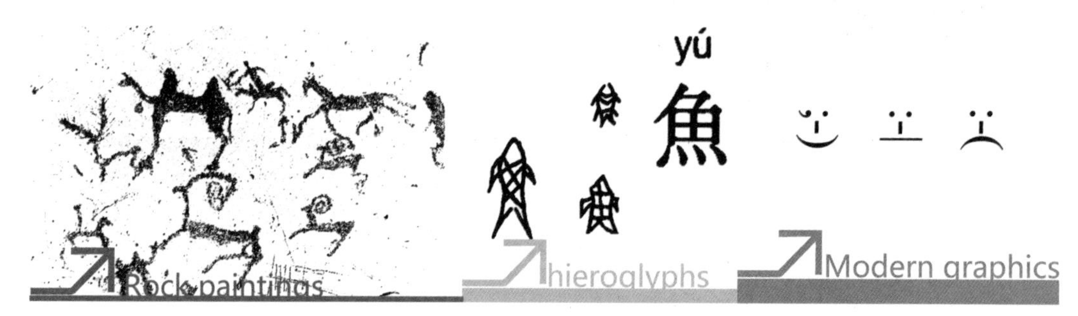

图3-11　图形符号的演变

青年华裔设计师刘扬结合多年来在中国、德国和欧洲学习、生活和工作的经历，用红色与蓝色图标这两种简单而又具有表现力的图形语言，创作了以《East meets West东西相遇》为主题的设计作品，对中德两国不同文化背景下不同人群的行为方式进行了观察对照，记录当代社会跨地域、跨文化交流的进程，表达她对东西方文化差异的理解，引起了公众的共鸣，也彰显了图形符号超越语言和文字界限的能力（图3-12）。

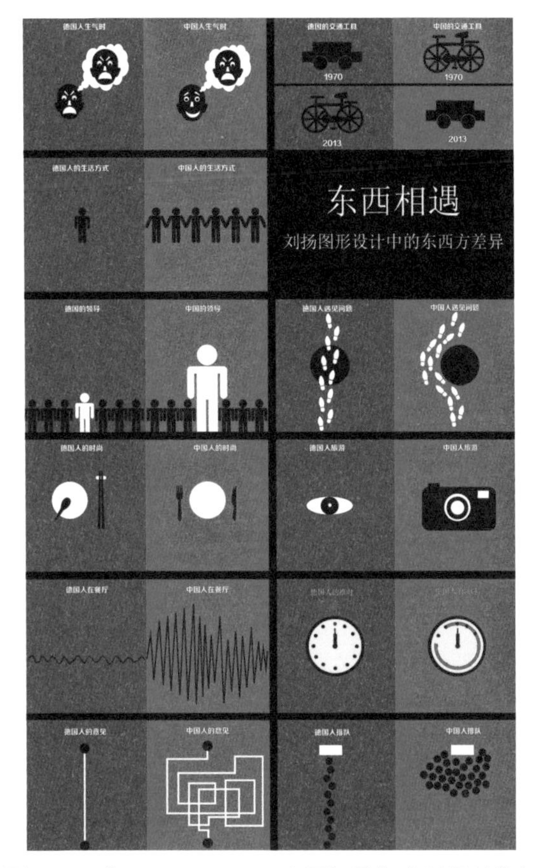

图3-12 《East meets west 东西相遇》（刘扬创作）

3.2.7 图形符号的发展进程

国际上图形符号的规划与设计以信息学和符号学相关理论为基础，强调通用性原则，与城市规划、交通规划、空间规划、环境行为、信息设计等关联学科相互交叉，主要针对城市管理与服务中导向信息领域的研究，它的应用范围基本覆盖了城市的各个领域。

1. 奥图·纽拉特与伊索体系

20世纪初叶，奥地利社会学家、哲学家奥图·纽拉特（Otto Neurath）创造性地提出了“为城市人群开发图形化的平面设计系统的必要性”的观点，特别强调了在城市公共居住聚落、城市公共卫生和城市其他领域的具体实施。纽拉特相信，“视觉是语言和自然之间进行沟通的重要媒介，语言是所有知识的媒介，经验的事实只有通过符号语言才能被受众所认知”。因此，“图像化的符号能够在符号、普通语言和直接经验的体验之间架起一座共同的桥梁”。为此他开发出有规律的、通用可读的图形系统向普通大众传达社会信息和经济信息，并且广泛地推广到其他综合性行业领域之中。在初现成效之后，纽拉特又与其他平面设计家一起在荷兰成立了专门研究这套方法的平面设计小组，并最终完成了世界上最早、架构最完整的以图形为中心的信息传达系统——国际通用图形符号系统（图3-13），又被称为“伊索体系”（Isotype）。“伊索体系”由两部分组成：一部分是独立的，国际化、通用性的图形图标体系；另一部分是把这些图形整合在完整架构中的图形表达系统，它为将来广泛地应用于城市公共空间、交通物流、电子通信等领域确定了基本的标准，是具有现代意义的导向信息图形。随着二战结束后世界经济的复苏，“伊索体系”的开发实践得到了很多国家的普遍认可，其科学、规范的信息图形系统广泛而深远地影响着交通、建筑和商业等多个产业领域，为日后在全球各个产业领域大规模的推广奠定了基础。

图3-13　奥图 · 纽拉特的国际通用图形符号

2. 亨利 · 贝克与伦敦地铁交通导向信息

随着城市规模的急速膨胀，社会结构愈加复杂，人口和生产资料在全球经济一体化背景下的高强度流动和交换成为常态。不同国家、地域和种族的人群跨国界、跨区域的经济文化活动、人员往来大幅增加，成为促进城市经济与社会发展的重要因素。针对工作强度高、系统管理复杂的现代交通运输业，建立一套规范统一、能够代替语言文字的、具有高度视觉识别功能的公共交通导向信息图形系统，成为当时工业时代的重大课题。

最早的、具有现代科学意义的城市交通导向信息系统于20世纪30年代在英国诞生。英国设计家亨利·贝克（Henry Beck）参与到了由当时的伦敦地铁交通营运公司负责人兼英国工业设计协会会长弗兰克·毕克主持规划的著名的伦敦地铁规划设计项目，这个项目邀请英德两国的知名艺术家完成伦敦地铁的建筑、景观的设计工作，由亨利·贝克负责地铁交通导向信息系统的设计。

亨利·贝克经过研究发现，要在尺度有限的二维平面空间中传递出交错纵横的地铁线路和星罗棋布的换乘车站信息是一个很大的难题。他经过反复推敲，最终采用色彩鲜明的线条组合来区分地铁线路；以简练的装饰字体标注站名；最为复杂的线路交错部分作为视觉中心，用圆圈标注，摆脱了地铁线路实际长度比例的限制，重点展示地铁线路的区域、走向和各站之间的交叉点，方向线路与乘降站点的组织衔接具有非常明确的视觉认知度，一目了然，简洁实用，以易懂、好识别为原则，使乘客在最短时间内就可判断出自己所处的位置和计划换乘的线路、方向及换乘车站，实现了导向信息传达的目的。伦敦地铁整体规划设计严谨规范，具有建筑空间美学与运输功能完整统一的特色，而亨利·贝克的地铁线路导向信息系统的版式设计则经过重构与优化，用意象手法打破了实际空间距离和信息载体版面的局限，达到了鲜明易读的效果，成为现代交通（国际铁路、地下铁路和公路交通）导向信息的设计范本，也从此诞生了具有现代科学意义的城市导向信息设计（图3-14）。

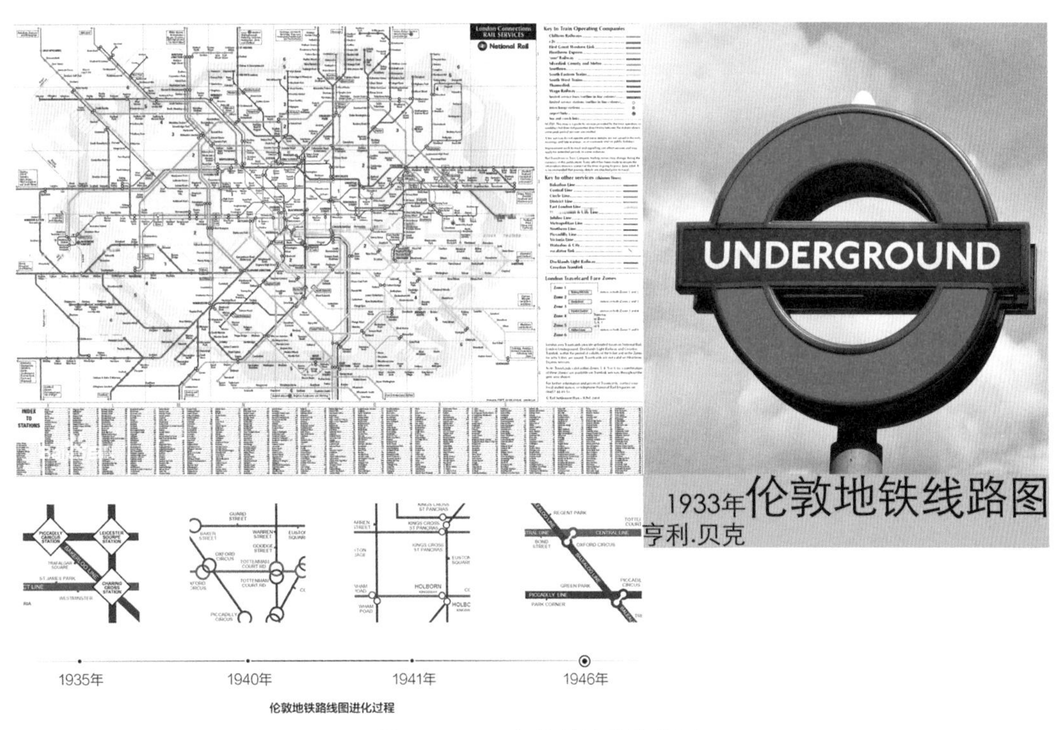

图3-14 1933年伦敦地铁线路图

3. 托马斯·盖斯玛与现代国际交通导向标识系统

美国国家平面设计学院于1974 年接受美国政府邀请，委托著名设计师托马斯·盖斯玛领衔的项目组进行供公交枢纽使用、具有标准化意义、国际认同的交通导向标识设计，美国也成为世界上最早的以政府名义开发这套系统的国家。

整套新交通导向标识图形系统规范由34种导向标识符号组成，做到了不用文字而仅仅通过图形语言就能完整地表达具体内容，并且还要为不同国家的旅客所理解，这就要求图形表达必须具备简洁和准确的特点。其中，爱德华·约翰逊（Edward Johnston）设计的无装饰线字体——“铁路体”，与图形高度吻合，达到了统一、标准的效果，其应用领域主要涉及各种与公共交通相关的空间环境。整套新交通导向信息图形系统完整庞大，类别包含了公用电话、邮政服务、货币兑换、医疗救护、失物招领、行李存放、电梯、公厕、问询处、旅馆介绍、出租汽车、公共汽车、连接机场的地铁、火车站、飞机场、直升机、轮船、租车、餐馆、咖啡店、酒吧、小商店和免税店、售票处、行李处、海关、移民检查、安检、动植物检疫、禁烟区、吸烟区、不许停车区、不许进入区等功能信息，以方便不同语言和文化背景的人们出行时对于方向、流程、设施、交通工具等的信息识别。这套标准化的导向信息系统经过多次试验审核之后，得到美国政府的批准使用。为了保证这套系统在更大范围内得到应用，随后还出版了由联邦交通部核准的使用规范手册，作为该系统应用时的参考标准。多个国家竞相采纳这套系统，给国际交通运输领域的导向信息规划带来很大影响，加快了国际交通领域的导向信息系统统一的步伐。此后，导向信息系统设计成为美国、日本和欧洲等国家重要的研究课题，并随着日内瓦标准协会ISO的建立，真正走上了国际化的道路，最终促成了统一的标准化导向信息系统的诞生。经过多年的积累，欧、美、日、韩等国家在导向信息设计领域的理论研究和成果推广方面建立了较为成熟的规范和体系，尤其在专业化、主题性设计领域具有很高的水平。2001年，日本推出了全新的标准标识，涉及125个种类，成为当时国际上最为完整的一套标准标识系统。

4. 慕尼黑奥运会图标系统

如今，国际上大型、综合性的文化体育和经贸活动已经成为考察一个国家综合设计水平与应用能力的最好舞台。在1972年第二十届德国慕尼黑奥运会上，德国平面设计家奥托·艾舍第一次引入了全面、系统的视觉形象设计系统，当时使用的奥运项目二级图标设计概念——“抽象小人”，得到了来自全球各地人们的一致好评，并成为后来所有奥运会必须具备的项目图标，一直影响着之后的奥运会图标设计以及其他领域的图标设计。虽然已过去40多年，但却仍然是公认的历届奥运视觉系统的经典。第二十三届美国洛杉矶奥运会和德国汉诺威世界博览会的综合导向信息设计以其前瞻性的设计理念和科学、规范的应用体系，最终确立了其在大型国际主题活动图形信息设计系统应用范例中的典范地位，体现了明确的专业化、主题性和综合性的发展趋势（图3-15）。

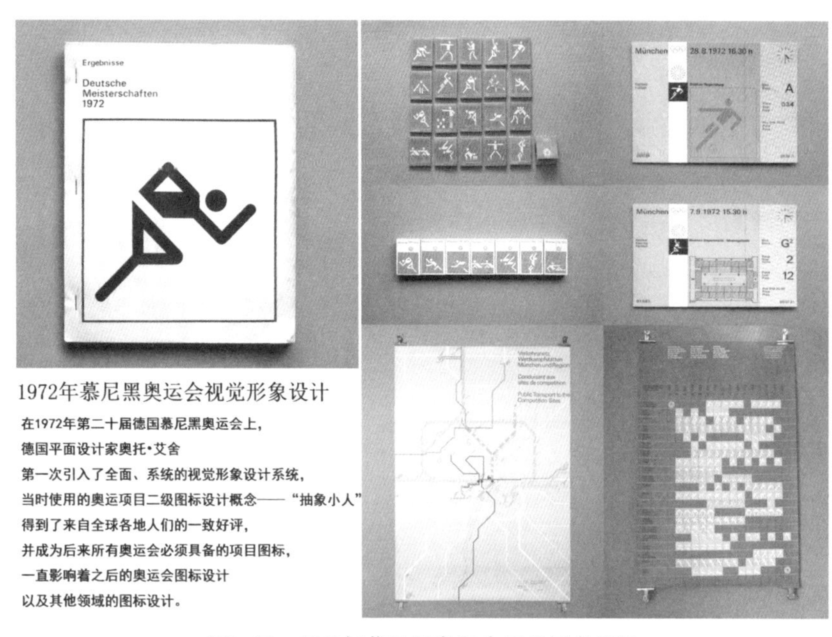

图3-15　1972年慕尼黑奥运会视觉形象设计

3.2.8　文化差异下的图形符号应用

文化的差异会导致思维方式的差异，对不同文化语境下的符号意义的解读也不尽相同，符号认知的差异有时也是很大的。当不同文化语境下的符号能指和所指产生差异的时候，图形设计应恰当地反映其意义。

图3-16　民族风格卫生间图标

据不完全统计，目前全世界有2000多个民族，分布在200多个国家和地区。中国是一个有着56个民族的多民族聚居的国家，历经长期的发展演变，每个民族都拥有自己独特的文化传统、宗教信仰和代表本民族群体特征的图腾符号。如果将导向信息设计的图形系统定位于既具有国际化色彩又具有地域特征的层面，则可以采用具备一定的民族或传统特色的图形符号来实现，比如一间民族色彩浓郁的主题餐厅中的卫生间图标可在国际通用图形符号的基础上，融入民族或传统纹饰的手法来表现，这样的图形符号就同时具有了指示性和差异性，在多元文化时代，差异性的符号表达也就具有了国际性（图3-16）。如果设计定位为国际通用性图形符号，往往采用共识性图标，如飞机的形象全球通晓，不会产生任何歧义，若是做机场的指示图标就顺理成章了。一般情况下，可根据环境的规模、功能和主题的限定来采取相应的手法。

在表现和应用图形符号时，不能忽视民族民俗、地域传统、社会历史及心理活动等因素的影响，只有把握住这些因素的差异，了解其禁忌，才能正确地理解图形符号在不同传播语境下的意义，以达到准确表达、运用的目的。例如仙鹤在我国自古以来就一直被视为吉祥如意、延年益寿等美好形象，在日本也同样受欢迎，以此为吉祥符号的设计很多，如日本航空公司的标志，就是一个红色的飞翔姿态的仙鹤图形，但在法国就忌用仙鹤作为商标图形。鹿在我国传统文化中取其谐音“禄”被看作福气和运气的象征，但在巴西等南美国家却是“同性恋”的隐喻（图3-17）。运用好符号学的原理和方法，通过对信息设计中的图形创意中同构图形符号的解析来理解图形符号在信息设计中的重要性并创造新的符号语言，从而能更准确地进行信息设计。

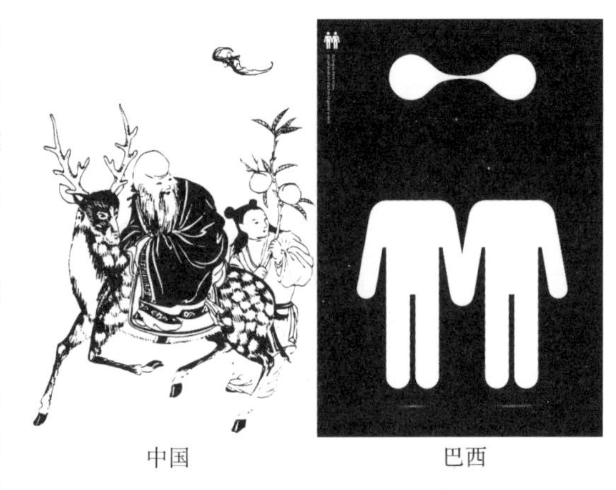

图3-17　图形禁忌——鹿

3.3　导向信息设计的功能与价值

导向信息是引导人们正确、高效和安全地出行寻路的指引信息，是一项以规避人们在寻路过程中迷失方向、提高出行效率为基本出发点的信息识别系统。在国外，“导向信息”与“寻路（Way Finding）”一词非常相近，寻路的认知行为建立在建筑、城市的地理空间之上，指的是“与到达目标地点的意图相关联的认知和行为的能力，尤其指个人在空间上对地点进行心理描述的能力”。国内近年有不少研究论著将其翻译为“标识导向系统（Signage System）”，是经由标志“Sign”的集合构成的一个方向指示系统，但实际严格意义上说“寻路（Way Finding）”是从行人寻路行为的角度出发的用语，从设计者的角度出发可引申为寻路过程中的标识导引设计。导向信息大多数利用可视的图形符号来传达，目的是以最清晰规范的视觉图形信息，让人们产生正确的联想并付诸行动。

3.3.1　导向信息的功能

导向信息系统是人与城市环境空间沟通的重要媒介，它以规范人们的出行秩序、为人们提供寻路便利为出发点，引导人们快速识别方向和位置，将复杂的空间认知过程简单化、层次化、条理化，是一种人与信息之间通过视觉交流产生的心理联想，在扮演寻路向导的同时，还可以提升空间品质，强化空间体验。本书以对城市人群的出行寻路行为模式的研究为出发点，以符号学理论与信息传播理论为基础，探索城市公共空间中人的寻路行为的基本特征与一般规律，梳理影响寻路行为绩效的多层面因素，利用形状、肌理、颜色、材料等视觉要素，统筹位置、层级、数量来建立信息的认知与传播平台，形成基于城市公共空间环境范畴的可视化的导向信息传达系统，并探讨如何建立导向信息设计与实施的合理方法，如何把信息认知和人文精神渗透到具体的精细化设计之中。它所具有的基本功能包括：

1. 导引功能

这是导向信息的主要功能，即在环境空间中对寻路行为起到指引的作用。当人们在城市空间中寻路时，需要容易辨认、示意准确的导向信息给予提示，判断空间环境的基本范围和目标方位，即使不懂当地语言也没关系，所有的导向信息都可以化解因语言障碍导致的寻路困难。国际上很多城市的空间导向信息，能够让每一个人在尽可能短的时间里就可以明确目标方位和行动线路并能轻松地找到目标。著名的德国汉诺威红线就是一个非常典型的案例（图3-18）。

图3-18　德国汉诺威红线

2. 识别功能

城市空间导向信息系统还可以突出环境形象、消除同质化、强调差异性，有利于人们在复杂的环境空间中迅速识别和准确记忆环境特征，是帮助人们将所属区域及其环境系统综合因素区别于其他区域相关要素的重要标志，提高了与环境空间进行沟通的效能。在著名的德国卡塞尔艺术文献展期间，一个个知名艺术作品展的整体导向识别设计就与这座古老的小城产生了戏剧性的对比，带给游客别样的感受，留下了深刻的印象（图3-19）。

图3-19　德国卡塞尔艺术文献展

3. 区分功能

城市空间导向信息系统是满足人们寻路行为的一种智慧表达，是体现城市智能化的重要基础信息，它与城市其他公共基础设施共同构成了城市生活中所需要的必要条件，便于环境空间的区分和管理，具备了区别与不同城市间和城市不同类型空间的差异性，因而也就具备了辨识性。通过一个充满人文关怀、科学严谨的空间导向信息系统会很方便地建立对所属城市的独特认知。

2008年北京奥运会和2010年上海世博会，人们在惊叹于现代科技成果对城市发展的巨大影响的同时，更时刻陶醉于充满时尚、浪漫气息和人性化的导向信息环境之中（图3-20）。

图3-20　北京奥运会导向信息景观系统

4. 文化功能

城市空间导向信息系统也是城市文化的一种表征，它意象性地传达出城市的社会、文化、空间特色，隐含着城市深层次的价值取向。解读国际上一些杰出的导向信息系统，不难看出城市空间导向信息已不仅仅是场所名称与标志图形的简单组合，它是指示、形象、信誉和安全的集成与浓缩，以其功能的完善、形象的精准、品质的优秀成为城市人文特征的传播载体。

日本设计师原研哉先生设计的梅田妇婴医院导向信息最大的特色就是信息载体部分选择了白棉布这种特殊的材料完成，目的是让医院能够传达出柔和、安静、纯净的空间感觉和医疗理念，提升了梅田妇婴医院内在的管理水平与企业文化内涵（图3-21）。

图3-21　日本梅田妇婴医院导向信息系统

5. 品牌价值功能

城市空间导向信息是艺术与科学的结晶，在保证信息传达准确的前提下，能够使自然与人文精神融为一体，更多地融入现代城市的特征，反映出城市的气质，全面、系统地提升城市品质，把握好它将会是城市的一道亮丽的风景线。作为一种重要的信息资源所蕴含的丰富内涵和价值应该被看成是改善城市综合环境的基础要素，最终形成提升城市品牌价值和美誉度的重要手段。

瑞士视觉设计大师吕迪・鲍尔设计的法国蓬皮杜梅茨中心信息和导向标识系统的理念就是为了呈现梅茨市的本来面貌，让人们快速融入其中，品读城市的优雅与从容，成为促进梅茨市城市形象和品牌价值提升的诗意手法（图3-22）。

图3-22　法国蓬皮杜梅茨中心信息和导向标识系统

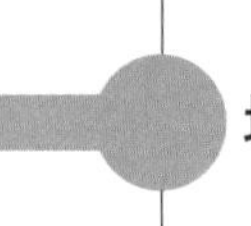

3.3.2 发展脉络

国内专业设计领域对于城市空间导向信息的系统研究相对较晚，普遍将导向信息设计归类为商标和标志类的范畴，也大多都用“标志符号”或者“公共标志”等称谓来表述。1983年，国内推出了第一套公共信息图形符号国家标准——GB 3818—1983《公共信息图形符号》，并由此逐步开始有组织、成体系地推进对公共环境信息的相关课题展开研究。1992年罗志英教授最先提出了基于城市竞争优势分析和评价的城市形象研究，其发表的《花都市形象设计课题报告》中包含了导向识别系统与城市竞争力之间关系的研究，开辟了我国城市形象设计的先河。随后，国内学者从城市设计的角度对导向信息系统进行了研究，到20世纪90年代末期，国内开始出现“导视标识”的初步概念，逐步厘清了“导视标识”与“标志”的不同概念，但是由于没有制定统一的设计导则，也缺少专业的调研，专业设计机构很难通过对相关项目的设计实践展开长期稳定的系统性研究。直到 2001年前后，“导向设计”（导视设计）这个词汇才终于正式出现，它不只是词汇的改变，而是表明了国内对“导向设计”有了一个内涵上的全新认识，城市导向信息从此作为能够从一个侧面准确反映出国家整体社会公共服务与管理水平的系统工程得到了从政府到社会的重视。

随着国内企业在品牌战略推广方面国际化意识的增强，导向信息系统也被定位为塑造企业形象的重要手段，成了企业形象视觉系统中的一项重要的类别。2006年召开了“2006城市导向与图形符号”的国际研讨会，标志着我国将城市公共信息导向规范正式与国际标准接轨，2008年4月1日，国家GB/T 15566—2007《公共信息导向系统设置原则与要求》正式实施。近年来，经过不断的实践探索，陆续涌现出2008年北京奥运会、2010年上海世博会的场馆和园区环境导向信息系统等大量成功的设计案例。

目前国内外学术界的研究焦点主要集中在导向信息系统载体与环境空间要素之间关系的层面，而对导向信息系统对城市形象力提升作用的认识不深入、不全面，没有上升到以所有人为核心的、人与环境的交互关系的层面，尚未涉及以通用理念为核心的、基于人的环境行为特征与认知规律，与城市功能和形象提升之间关系层面的研究。城市环境空间中的导向信息，必须充分考虑人与各种环境要素之间的相互关系，作为体现人类认知、探索世界的主要方式的寻路行为，更是促进人与环境沟通交流的重要方式，它对人类建立认知世界的方式的影响是直接而深远的。

3.3.3 应用价值

城市导向信息系统的规划与设计具有很强的现实意义，其原因可以归结到城市化进程中所形成的在产业结构、社会结构和生活环境方面的深刻变化。在环境、人口、信息、空间、资源等城市要素的负荷已远远超过了原有的规划范畴时，必将造成城市空间环境的繁杂混乱和生活方式的改变。同时因导向信息传达的混乱，导致人们的工作和生活因对信息的误读而产生负面的影响，削弱了城市公共服务与管理系统的功能和效率，造成了当人类终于开始摆脱总是无力支配的自然环境的影响之后，快速进化的人类社会却把自己又一次推进了更加眼花缭乱的人工环境中，迷失在自己制造的迷宫里。

城市空间导向信息系统是城市公共管理与服务系统的重要组成部分。世界上任何一座城，导向信息系统都是城市公共管理与服务当中应用范围最为广泛、存在方式最为多元、对人的出行影响程度最为深远的信息服务手段。对于它的规划设计，不但要从信息设计的学科层面来考虑，更应定位于能够提升城市公共管理与服务水平，提升城市宜居性和安全性的战略层面来对待，在功能层面上要满足人们寻路的需求；在精神层面上还应当担负彰显城市文化特征、提升城市形象的使命。

图3-23 上海世界博览会导向信息系统

应该相信，城市导向信息系统所产生的正向效应将帮助人们来判断城市环境空间的特征、现象、诉求和趋势，消除对环境空间的认知困惑，提高寻路出行效率，重新构建人与空间、时间的关系。最终将辐射到城市空间的每一个重要节点，无论是城市管理者还是城市居民，每个人的生活和工作行为都将愈加依赖它的作用。城市导向信息系统具有鲜明的文化和美学特征，体现着现代文明对人的关怀和影响，既是城市管理的必然选择，也是提升城市美誉度和城市竞争力的必然要求（图3-23）。最终期望达到这样的目的：

1）建立城市环境空间与寻路行为之间的联系。

2）创造城市环境空间导向信息的共享平台。

3）确立城市导向信息的设计方法与应用体系。

4）挖掘城市导向信息的市场价值和社会价值。

3.4 导向信息设计中的大数据应用

3.4.1 大数据的价值

大数据被称为继云计算、物联网之后互联网行业又一颠覆性的技术革命。

IBM的研究表明，在整个人类文明发展过程中所产生的全部数据中，将近90%以上是在近两年内产生的，并预测到2020年全球所形成的数据规模总量将达到现在的44倍。大数据作为互联信息时代的核心产物，在初期最先为互联网和电商等与IT技术关联度较大的领域了解并应用，随后越来越多的包括传统行业在内的领域，都逐渐开始掌握并使用。特别是在信息设计领域，大数据能够辅助完成精准分析，从而大幅提高信息的传播使用效率，还可以利用对数据沟通平台的构建来消除“数据孤岛”，使得原本互不相干的信息资源得到最大程度的关联共享，较好地解决了“信息数据碎片化”的弊病。

3.4.2 大数据对寻路出行的影响

大数据作为一种重要的信息资源，既是能量，更是生产力。城市化造成传统的城市空间形态和格局发生了剧烈的变化，智能出行成为城市人群的重要手段，准确、及时地获取交通与空间环境信息成为智能出行的基本条件，而这些完全可以利用大数据技术来提供支持。

利用大数据技术可以对各类交通和空间环境数据完成有效的整合，通过数据收集和上传，使每一位出行者都成为数据生成者以及发布者来建立数据联系，共同分享数据成果，获得更及时准确的路况信息，在城市导向信息智能化系统建设与服务等方面都将形成重要的支持，让出行寻路者产生全新体验，成为大数据的受益者。我们经常使用的高德地图就是结合数字地图内容、导航和位置服务解决方案，利用在线导航功能随时提供地名信息查询、分类信息查询、公交换乘、驾车路线规划、公交线路查询、位置收藏夹和交通路况实时播报、智能计算到达目的地所需的时间、避堵路线方案规划等基础环境空间信息查询来完成位置搜索与路线提供（图3-24）。

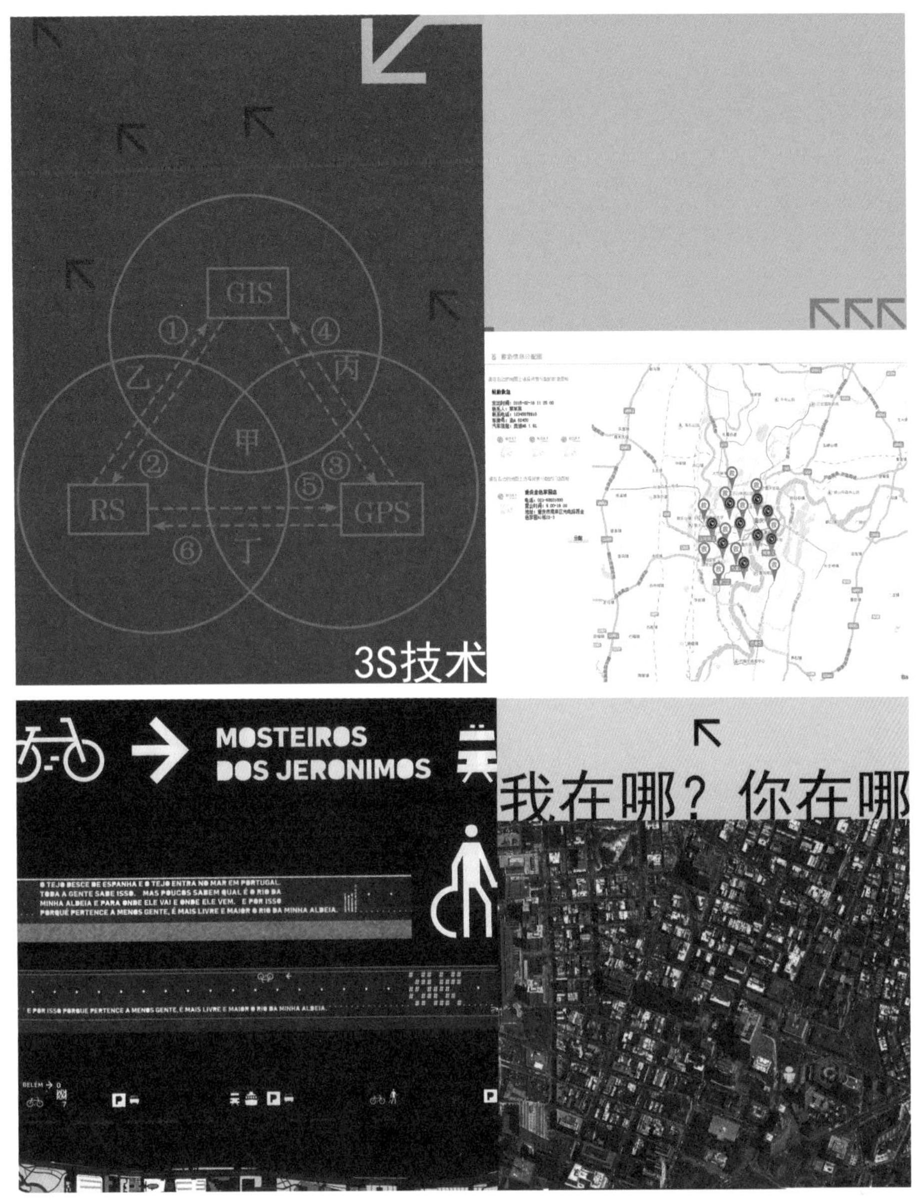

图3-24　大数据对寻路出行的影响

3.4.3　数字化时代人的心理与行为模式

信息不是关于物质和能量的转换过程，而是关于时间和空间的转换过程。数字化时代是从有形的物质产品创造价值的社会向无形的数据信息创造价值的新阶段的转化，也就是以物质生产和物质消费为主，向以精神生产和精神消费为主的阶段的转变。

在数字化时代，信息技术以互联网大数据的方式全方位地应用于社会的所有层面，把一切社会现象、形象和象征性结构的信息体系数字化、符号化，使其脱离以语言

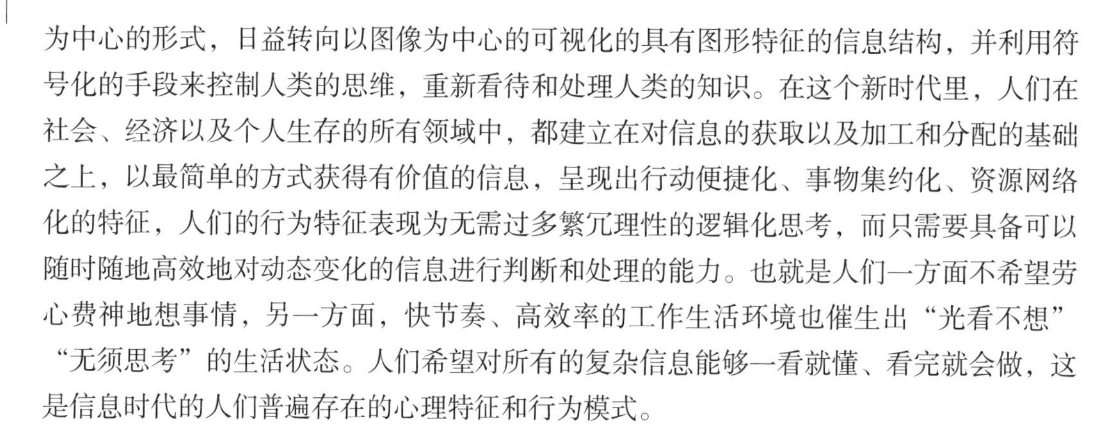
为中心的形式，日益转向以图像为中心的可视化的具有图形特征的信息结构，并利用符号化的手段来控制人类的思维，重新看待和处理人类的知识。在这个新时代里，人们在社会、经济以及个人生存的所有领域中，都建立在对信息的获取以及加工和分配的基础之上，以最简单的方式获得有价值的信息，呈现出行动便捷化、事物集约化、资源网络化的特征，人们的行为特征表现为无需过多繁冗理性的逻辑化思考，而只需要具备可以随时随地高效地对动态变化的信息进行判断和处理的能力。也就是人们一方面不希望劳心费神地想事情，另一方面，快节奏、高效率的工作生活环境也催生出“光看不想”“无须思考”的生活状态。人们希望对所有的复杂信息能够一看就懂、看完就会做，这是信息时代的人们普遍存在的心理特征和行为模式。

3.4.4 数字化时代导向信息的特征

数字化时代和工业化时代不同，人们在生活和工作中不仅要面对现实环境的认知和体验问题，还需要通过对信息的设计完成对以各种形式存在的海量信息的判断与处理，因此决定了信息设计必须广泛地涉及社会、经济与文化的各个领域。城市空间导向信息设计作为信息设计领域中一个重要的类型，可以初步勾勒出其几个基本特征：

第一，具备系统性与跨学科性。随着信息传播手段的快速变化，信息媒介之间不断融合、衍生和进化。新兴媒介在传播与组合方式上的改变，导致城市空间导向信息设计也迅速脱离了传统意义上的一张地图、一个路标的传统视域和维度，形成了各种媒介集成的系统性、开放性的多向度、网络化信息系统，需要利用多种学科的相互支撑。

第二，设计的过程是对环境空间信息进行组织和完善的过程，目的是提升信息使用的效能；是对包括空间信息、道路信息、功能信息、交通信息等的复杂环境进行清晰的表达，反映其特征与内涵，提高空间认知效能；它要完成的不仅是对大量实体空间信息的表达和传播，更要处理庞大的、无处不在的以虚拟形式存在的各种数字信息。

第三，在进行导向信息设计时，将海量的空间环境中的无序信息加以梳理归类，进行秩序化、系统化的整合，并利用其高辨识度的特点与精炼的图形语言进行转换，在复杂的实体或虚拟空间中，以视觉化的表达方式完成快速、准确的信息传达，找到所需要的方位目标。

第四，导向信息设计涉及的人群很广泛，需要采集、存储大量的信息资源，大数据产生的结论必须获得对象人群的广泛认同才可加以应用。

第4章

导向信息系统的规划策略

4.1 目前存在的问题及连锁反应

4.1.1 目前存在的问题

1. 信息归类混乱，信息相互抵触

导向信息系统在规划时对信息的归类非常重要，应该首先根据导向信息的类型和环境特征，进行主次明确的区域、类别、功能、层级和点位设定，但在现实应用中却普遍存在导向信息分类的混乱与矛盾。诸如导向图形与图标不能精准对位于信息的功能与层级类型，文字、图形与色彩系统的应用不规范，不结合空间环境特征随意定位导视层级和点位分布等。

2. 信息环境恶劣，导致信息零识别

导向信息普遍淹没于各种混乱无序的信息环境之中，彼此之间缺乏联系，互相干扰、屏蔽，信息功效减弱，导致信息零识别，造成定向感减弱甚至消失，大量的有效信息被各种因素遮挡而造成方向误判的事件时有发生。

3. 通用设计理念缺失，综合性手段不强

导向信息强调利用人的综合感知能力进行信息的沟通，以此满足不同类型人的需求，公交车上的报站系统是利用语音提示通过听觉器官完成导向传达，盲道线则运用有规律的凹凸纹理与普通路面进行区别，利用的是触觉感受完成导向传达。国内尚未顾及各类人群尤其是残障及弱势人群、文盲、国外人士的认知需要，没有形成通用性的、综合性的导向信息传达体系。

4. 系统欠缺规划，行业规范不足

很多城市导向信息系统规划、设计、实施过程缺乏统筹，没有形成城市管理服务与社会专业设计分工负责、相互配合、紧密联系的统一体。没有建立起系统严密、结构合理、流程清晰的操作体系，缺乏具有前瞻性和宏观性的规划，导致出现城市区域基础设施已建成，但导向信息系统却迟迟没有配套的窘境。

5. 信息品质低下，与场所气质冲突

国内城市中导向信息载体缺乏国际性的质量标准和美学价值，没有体现城市的人文特征，忽视了场所精神的塑造，信息内涵空洞，信息品质低下；规范性和准确率较低，实际应用效率不高。

6. 信息更新速度缓慢，缺少动态调整预案

随着城市化进程的加快，城市空间环境更迭剧烈，功能变化频繁，新城区与旧街巷、已建成与待开发、整体大环境与局部小空间之间存在诸多的矛盾冲突，大量已建成的导向信息载体已无法满足城市快速发展的需要，很多滞后现象日趋明显（图4-1）。

图4-1　目前导向信息系统存在的问题

4.1.2　问题易导致的连锁效应

现代城市建设主张构建以生态系统为外在形式的、创造现代生活为发展宗旨的信息化、智能型环境空间，这其中就包括符合国际规范、科学与人文结合的城市空间导向信息系统。我国目前还没有形成全方位、成体系的城市空间环境导向信息的标准化体系，国内众多城市中的导向信息系统无论从信息传达的覆盖面、准确度还是与空间环境的匹配性上尚存在很多问题，有些甚至是观念上的误区，使导向信息这个以规范行为秩序为目的的产物自身却失去了规范性和秩序性。

1. 多米诺骨牌效应

地震学理论认为，在一个相互联系的系统里，一个很小的初始能量就可能产生一连串类似多米诺骨牌效应的连锁反应：如果一颗骨牌被推倒，则将发生连锁反应，其余的骨牌会相继被推倒，如果移去连锁系统中的一颗骨牌，则连锁系统被破坏，推倒过程终止。用多米诺骨牌来关联事件的因果关系，会形成多米诺骨牌阵列。

在城市空间环境中，缺乏系统、规范的导向信息会造成因对目标方位的判断误差，而无法在错综复杂的空间中快速完成有效的寻路行动。导向信息缺失和冗余所产生的不准确性干扰着人们对目标方位的判断，给寻路行动制造了障碍，由此带来的困惑和焦虑已经深刻地影响人们的生存状态与生活方式，日积月累也会形成多米诺骨牌效应，成为产生重大社会突发事件或事故灾害的诱因。

2. 海因里希安全法则

美国安全工程师海因里希曾经提出了著名的300：29：1法则，该安全法则是以通过对事故因果连锁效应的判断，来阐明导致伤亡事故的各种原因及与事故间的关系：当某个企业有300例隐患或违章，可能要发生29起轻伤事故或故障，在这29起轻伤事故或故障当中，将可能存在一起重伤、死亡或重大事故的发生。

比如某家具厂的木工技师由于在使用刨床进行原木的切刨加工时没有戴长筒手套，恰巧工作服袖口磨损后的线头不慎卷入正在高速运转的轮轴里，惊慌之余，本能地用另一只手去拉拽衣袖，结果被绞入刨床中，导致手臂以下致残。事故调查结果表明，该技师不戴保护护具违规操作的行为已有多次，追溯以往工作情况，虽然他周围工友均佩服他手艺高超，但还是发现他已经有一个手指头曾因在工作时被电锯误伤成为断指。这一事例说明，重伤和死亡事故虽有偶然性，但是不安全因素或动作在事故发生之前已暴露过许多次，如果在此之前抓住时机，及时消除不安全因素，许多重大伤亡事故是完全可以避免的。

3. 从多米诺骨牌效应到海因里希安全法则

“海因里希安全法则”的产生机制很像多米诺骨牌效应，同样适用于现代城市智能信息管理系统的建设和管理上。如果把城市智能信息管理系统比作庞大的多米诺骨牌方阵的话，空间导向信息系统则是其中的一颗骨牌，城市空间导向信息系统的建设就是防止和消除显性或隐性的危及城市及人的安全状态、及时中断危害连锁进程而避免事故发生的重要手段。

例如发生在2012年8月24日哈尔滨市三环路群力高架桥洪湖路上桥分离式匝道的侧滑事故，各方面专家在分析了事故主要原因是肇事司机负有货车超载和在不得停车的匝桥停车的法律责任的同时，也指出由于事故发生路段主要路口超载超限标志、禁停标识的缺失以及交通管理部门对潜在的危害因素缺乏预警机制，疏于核查，禁止事故车辆通行方面的信息告知缺失，结果产生连锁反应，导致危害结果的放量和倍增。结合“海因里希安全法则”原理对垮桥事件进行更为深刻的解析，可推导出这样的逻辑关系：

1）事故的发生是看似偶发事故的结果。

2）事故的发生是由于货车的非正常行驶间距造成高架桥体的瞬时荷载达到极值。

3）司机的不安全行为或环境的不安全状态是由于管理部门长期非正常监管状态造成的。

4）司机的非正常状态是由于主观上安全意识薄弱造成的，同时是由于不完善的导向信息误导诱发的。

4.2 规划原则与手段

4.2.1 规划原则

城市空间导向信息是城市整体规划中的重要组成部分，科学、整体的论证与规划是优秀城市空间环境导向信息系统形成的基础和有效实施的前提，起着不可或缺的作用。在规划时应把握以下原则：

1）在具体的规划设计过程中，需要从人、环境、信息三者之间的关系出发，针对不同人群在语言表达、文字识别、行为特征、视觉感受、环境程度、公众距离等诸方面的差异，来制定满足各种人群信息识别需要的方案。

2）以城市空间环境特征和人文特征为前提，在规划设计阶段首先要结合城市的地域文化、历史文脉、自然资源、环境类型、空间布局等因素确定城市导向信息系统的整体架构。

3）制定整体性和系统性的规划策略，结合城市空间导向信息建设的现实情况，通过对国内外相关导向信息的设施技术标准的分析，依据空间环境功能的要求进行综合论证，有针对性地提出整体性和系统性的规划设计策略和实施计划。

4）城市空间导向信息系统是城市基础建设的重要组成部分，要充分考虑其对城市总体布局的影响，在保持与城市建设总体规划相吻合的前提下，尊重城市各区域空间环境规划的现实要求，并在此基础上适当保持前瞻性和可持续性。

5）明确城市空间导向信息系统规划和实施的社会意义，充分反映其系统性、综合性、公共性和长期性的特点；加强调研与论证，从理论和技术层面上把握其发展变化规律，全面、有序地从各个方面整体推进。

6）加强对城市空间导向信息系统的标准、规范的实施和推广工作，落实城市不同空间区域的规划与执行标准，达到系统、全面的规划设计要求。

4.2.2　规划手段

城市导向信息系统的规划与实施因城市的发展变化而呈现出社会性、系统性、综合性和动态化的特点，因此需要全面有序地从多角度、多层面、全方位完成整体论证和推进。

1）城市空间导向信息系统作为一个整体，首先应根据城市空间功能、环境特征的需求分解为多个子系统，不同子系统之间要相互协调，科学合理地完成系统架构。可借鉴城市网格化管理模式通过城市电子地理信息平台的支持在二维和三维地图和卫星地图上进行区、街道、社区、小区等各类型空间的导向信息的布局规划。

2）城市空间导向信息系统主要由总体规划指导下的功能分类和层级规划、区域空间布点规划、单体建筑内外导向信息规划设计等环节组成，目的是为城市导向信息载体的布局设置提供一个有效的规划控制依据。

3）在宏观层面上应控制好城市整体环境空间与各功能区域的导向信息载体的类型、数量、密度、层级、信息内容等方面的标准，科学地分布于各类型环境空间中，并建立一个完整的网络系统。微观层面上要结合导向信息内容的设计，建立版面造型、色彩应用、载体规格等方面的标准，满足广泛性和通用性要求。

4）加强基础研究工作，从理论和技术层面把握发展变化规律；应加强标准、规范的制定工作，统一、规范不同区域的设置标准，达到科学合理的设置要求；加强导向信息相关的图形、图标、文字意义的普及推广，增强人们识读导向信息的能力，提高使用效率。

4.3　位置与层级规划

如果不通过辅助技术手段，人脑最多能同时接受4~8组同类型的信号，超过此范围将很难被记忆。针对这种现象，导向信息的组织应该以人的认知规律为出发点，结合数据分析，将空间位置信息结合相应的空间功能和环境特征，按照系统设计模式进行层级划分和位置规划。导向信息的分布位置与层级划分对人们在复杂的城市环境里做出准确判断起着重要的作用，也是导向信息系统规划需要解决的重点，在初始阶段就应当明确宏观的规划原则（图4-2）。

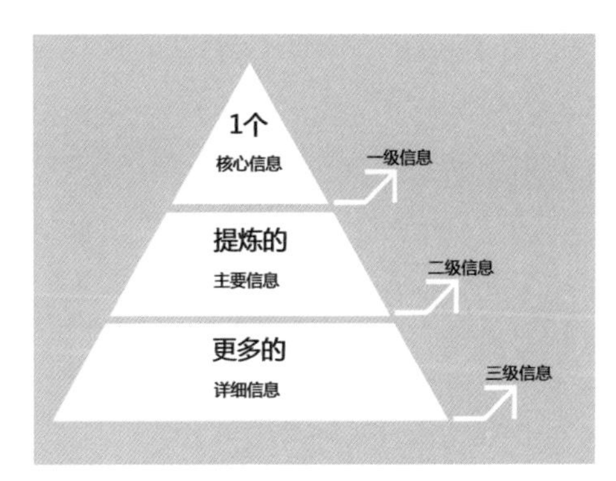

图4-2　位置与层级规划

4.3.1　位置（布点）规划

城市空间被道路分割成众多大小不等的网格状区域，街区、建筑物、广场、公园等分布于其中，这些区域是人群活动相对集中的地方，往往需要设置充足的导向信息识别点位（图4-3）。

应从人群抵达地点、离开地点、决定方向地点的路径入手，来分析进入、环绕以及通过该区域的人群流动特征与空间特征；应以环境空间坐标与环境空间模数为参照，以人的视角、视域、尺度、视力条件、行为特征为基础，以城市大环境的空间维度来把握信息之间的各种交叉关系；信息载体在空间中的位置（点位）设定应围绕环境空间和人的行为动线来完成，与城市空间中的公共建筑、景观环境相统一。

在位置（点位）设置时要清楚：何种因素影响导向信息的设置；如何确定位置、数量的有效和准确；如何建立信息辐射范围与空间环境的联系；如何把握导向信息位置与空间特征、空间功能的适配性等。

对这些问题的判断都是建立在对空间环境特征、人的环境行为特征的把握基础上的，导向信息位置（点位）设置应依据并遵循以下基本原则：尊重人的认知习惯，其中关键性的优先信息要重点强调，应设置在人的视觉感知最舒适醒目的位置上；次级和辅助层级导向信息则可设置于相对次要的位置上，保证相应的层次感和关联性；点位之间要保证合理的间距，让寻路者在最短的时间内能够清晰、连续、规律性地感知信息，完成目标定位和寻路过程；强化各信息点位之间的衔接与呼应，形成一条能产生最佳传播功效的综合信息链。

1. 直接

导向信息标示应完整、准确、易懂，点位设置从出发地抵达目标地点的距离越短越好。应尽可能减少线路之中的交叉点，线路方向变化（90°或180°）的次数越少越好。

2. 简单

线路方向的定位不能模棱两可，引导寻路的导向信息载体并非越多越好，“少就是

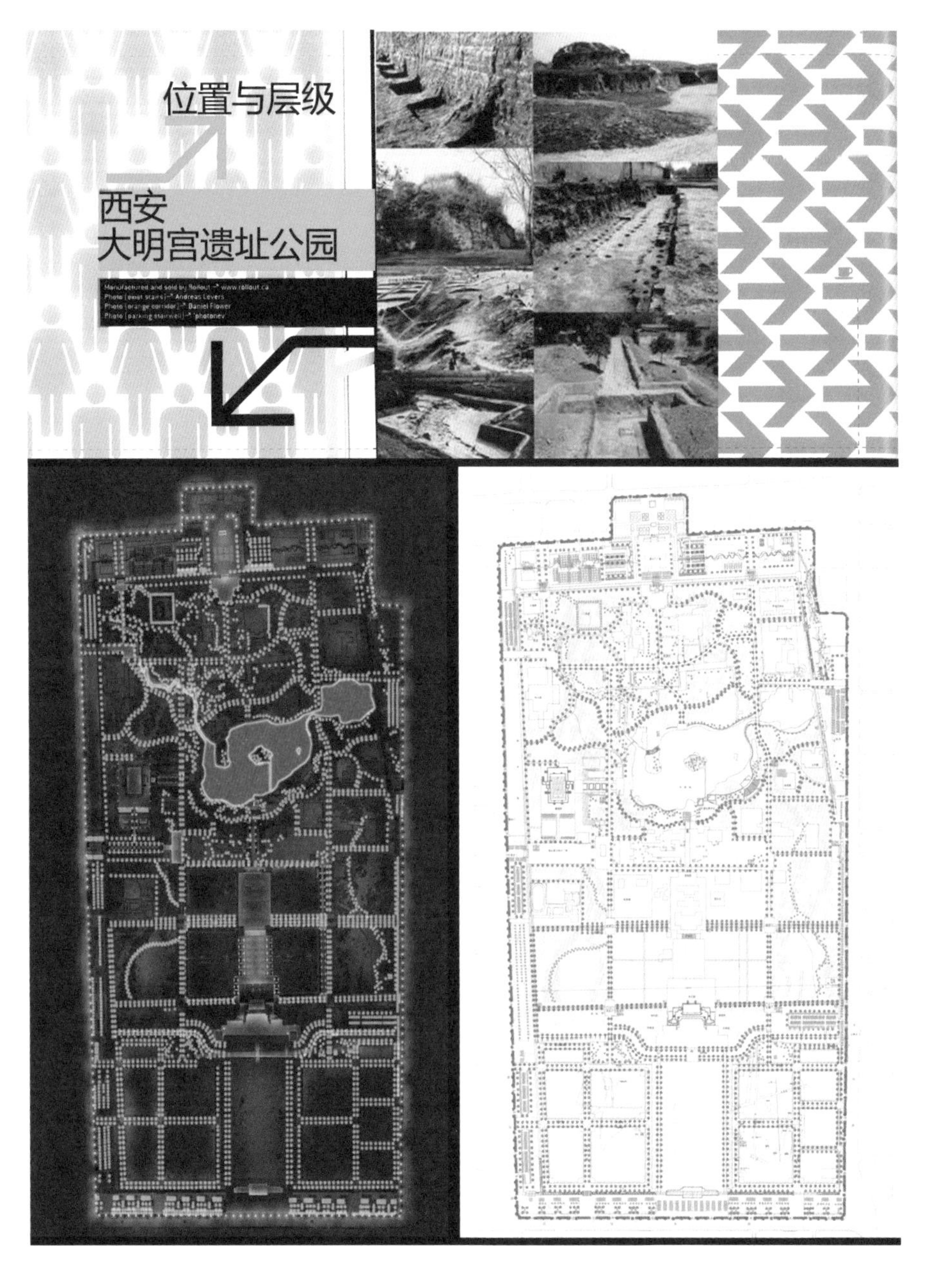

图4-3　大明宫位置与层级

多，多就是无”，过多信息堆积反而容易产生干扰，造成判断上的失误。

3. 连续

应确保线路之间各节点通过流量的连续一致，保证线路不被其他因素所阻断，避免造成信息传达的断链，尤其是在交汇区域应该格外注意。

4. 顺序

信息点位设置应遵循由远及近、由大到小、由表及里、由多到少的原则完成布局，导向载体应做到有的放矢，尽量减少信息阻滞（图4-4）。

图4-4　日本三乡儿童保健院导向信息系统

4.3.2　层级（分级）规划

导向信息的层级规划，首先要分析寻路者关注什么信息、信息本身应传达什么内容等核心问题，然后通过位置、大小、距离、内容形式、表现方法来实现，通过视线按照一定的顺序使获取有效信息的时间缩短，识别速度提高（图4-5）。

图4-5　层级规划

优先信息层级主要任务是吸引视线。一般而言，人的视线只会在某个信息点停留很短的时间，信息内容必须少而精。

次级信息层级主要任务是帮助理解。针对优先信息层级进行解释，展示核心内容，帮助人们在尽量短的时间内理解信息。

辅助信息层级主要任务是帮助丰富。优先信息层级和次级信息层级已经做了很好的解释，辅助信息层级起到对内容的补充和丰富。

导向信息层级规划是由空间功能的复杂性决定的。空间功能越复杂，信息的层级就越复杂。寻路过程是渐次推进、逐步缩小范围并最终抵达目标地点的过程，可以把这个过程划分为泛目标区域→次目标地点→主目标地点三级渐次递进的任务层级，每一任务层级是由多个大小不同的导向信息识别点位组成，这些识别点位通过与之匹配的可视化信息来支持，以确保每一组任务层级的实施。

从导向信息的应用层面可以把城市空间分解为区域、街道、建筑物（包括室内空间）、识别点和导视体等要素。

以区域空间的控制范围为依据，由整体到局部可规划为道路环境层级、建筑物外环境层级和建筑物内环境层级三种类型的空间层级（图4-6）。

图4-6　宜家家居——层级规划

1. 道路环境层级

道路环境层级主要与城市的交通环境有关，在进行导向信息系统规划时既要评估人群流动情况也要兼顾交通工具的流动状态，对导向信息载体的设计要适应人在站立、行走和驾乘交通工具等多种姿态下的视线与尺度。道路环境层级的导向信息一般由交通信号标识、方向指示标识、路街名称指示标识、停车场指示标识、警告与禁止性标识、地图指示标识、公交站点指示标识等信息要素组成（图4-7）。

图4-7 宜家家居——道路环境层级

2. 建筑物外环境层级

建筑物是人类为了满足生产生活需要而创造的人工环境，城市是建筑物最为集中的地方。建筑物外环境层级的导向信息具有寻路、定位、识记的作用，由于建筑物与导向信息载体之间的相互烘托而产生有意味的视觉感受，它也成为建筑物形象特征和周边环境景观的构成要素，是构建良好建筑空间品质与环境形象的重要手段。建筑物外环境层级的导向信息一般由建筑物的名称指示标识、建筑物外墙体指示标识、建筑物出入口指示标识、建筑物前广场指示标识、功能分布示意图等环境信息要素组成（图4-8）。

图4-8　宜家家居——建筑物外环境层级

3. 建筑物内环境层级

建筑物内环境层级的导向信息与街道和建筑物外环境层级相比，在环境类型、信息类型、信息载体的造型和材质上更加多样，尤其是光源环境对其有很明显的影响。在光源条件较差的区域，导向信息载体主体色彩的明度和纯度要随之提高，警示类的导向信息则需要自发光设置；光源较强的区域，要结合光源色对导向信息载体主体色彩倾向的影响来灵活把握。在设计的造型语言方面应尽量与其所依附的建筑物内外空间的功能、主题呼应。这一层级信息主要由出入口指示标识、消防安全及逃生通道指示标识、楼层指示标识、门牌号指示标识、电梯指示标识、楼层平面布局图等组成（图4-9）。

图4-9　宜家家居——建筑物内环境层级

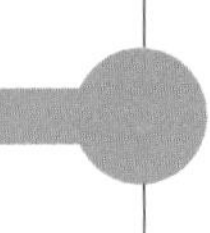

上述层级划分模式适用于不同功能、类型的空间导向信息系统设计。像大学校园、工业园区、城市综合体、主题公园、大型交通枢纽等综合空间，因空间布局和功能配置的复杂性需要全部三个层级的部署来满足寻路要求；中小学校园、文体活动中心、一般购物中心等类型的空间，需要通过建筑物外环境层级和建筑物内环境层级来完成导向布局；办公楼、小型商场等内部空间的导向信息利用建筑物内环境层级布局即可满足需要。在具体的规划中，可结合区域空间规模、空间特征和空间类型进行整体判断，以确定层级数量和规模，并根据不同层级的特点和需要完成设计。

4.3.3 位置与层级应用

利用层级规划方式将每一类空间层级中的导向信息进行编组，按照重要程度进行分级并建立分级网络，在关键的空间节点或信息高密度交汇的区域，将导向信息以可视化方式呈现，主要信息安排在最明显的位置，次要或辅助信息安排在主导向信息图形的下方，或另行设置一个辅助的图标来安置，渐次推进。确定各空间方位信息在系统中的总体设置原则与要求，明确各子系统中导向要素的设置范围、位置、方法等。以每一类空间层级为主轴，按照空间的大小关系，可以从一级到五级进行层级划分，对于一些超大型的、人流密集的场所，往往因为空间范围比较大、环境复杂、功能细密琐碎，此类区域的导向信息层级有可能达到六级、七级。

4.3.4 以高铁车站空间为例

为了便于理解，下面选取比较典型的交通类空间——城市交通枢纽高铁车站为例，来分析导向层级的规划方式。

高铁车站作为旅客出行的重要集散地，它与航空、公路等城际交通和公交、地铁、轻轨等城市公共交通的衔接越来越紧密，并逐渐成为多种交通出行方式一体化的综合交通枢纽系统，在为旅客出行带来极大方便的同时，无形中也增加了环境功能的复杂性。高铁空间的特征是多中心、多层次的，进出高铁车站的人群成分复杂、流动性强，旅客在如此复杂的环境空间中很难快速找到正确的路径，极易增加问询次数和滞留时间。在这种情况下，对客流与车流秩序和流程的动线组织尤显重要，以最大限度地降低旅客问询量，用最短的时间获取最正确的信息和路径，减少旅客的无效停留时间，避免进出站客流的流向交叉，最大程度地加强“通过性”。

高铁车站导向信息系统是承载站内外空间使用及信息交流的重要媒介，它为出入站旅客提供区域空间的功能信息，方便其快速安全到达目的地，并获得与旅行相关的其他信息。旅客的出行时间不仅是乘坐列车的时间，还包括旅客在高铁车站的购票、寻路、候车、换乘和市内交通时间。缺乏整体呼应的导向信息会影响整个出行过程，因此完整性和连续性很重要，必须建立一套有效的导向信息层级与布局系统，减少判断时间，提高信息传达效率，形成一个明确、快捷、高效的信息传导流程。

高铁车站往往以候车大厅为人群集散地，是导向信息点位最为集中的设置区域。按照导向信息的导引，旅客结合主次通道的连接，进入主要公共区域，再分流进入各目标区域。信息的引导应始终围绕站外　售票处—进站厅—候车厅—站台这一路径流程进行设计。在这个过程中，导向信息传达的逻辑性始终围绕着空间关系的逻辑性，也对空间产生功能界定和提示的作用。

综合以高铁车站为代表的公共空间常用导向信息的分级，结合实际功能，按照点位布局原则，基本可划分为五个层级：

1. 一级导向信息

一级导向信息也称为交通类导向信息，是指旅客为抵达目标地点（高铁车站）而必须经过的主要通过路径和功能区域，是优先级信息点。一级导向信息中的图形符号和文字应该简单明确，以文字为主，主要与道路交通导向标志组合使用，如道路交通指示牌、精神堡垒、区域导向塔等。

2. 二级导向信息

二级导向信息也称为流程类导向信息，是指旅客为抵达目标地点（高铁列车车厢）而需要经过的主要功能区节点，如进出站口、问询处、行李寄存处、候车大厅、售票大厅、安检通道、检票口、绿色通道、站台等的导向信息，也属于优先级信息点，主要是对一级导向信息的呼应、链接与强调。

一级和二级导向信息所传递的信息应该一目了然，文字信息和图形应该是最明显的，确保旅客以最短的时间看到。

3. 三级导向信息

三级导向信息通常是指目标地点（高铁车站）的辅助性质服务项目与相关的配套设施，属于次级信息点，如出租车站、失物招领处、监控室、公共卫生间、办公区域等。

4. 四级导向信息

四级导向信息通常是指目标地点（高铁车站）的辅助服务项目以及相关的公共家具配套设施，属于辅助级信息点，如垃圾箱、电话亭、休息区、书报亭、超市、咖啡吧、餐厅等。

5. 五级导向信息

五级导向信息也称为告知与警示类导向信息，是比较特殊的层级类型，与其他类别有所区分，主要用于进行制度告知与事件警示，是对主要层级导向信息的补充与支持。按照告知与警示程度的强弱，一般以提示性、说明性、告知性、警示性以及强制性信息来分类，如请您检票、注意安全、请不要随地吐痰、严禁携带危险品进站、严禁翻越栏杆等。五级导向信息应该与一、二、三、四级导向信息配合使用，与整体设计风格协调。

对导向信息进行层级划分，可以制定出用于方向类的、定位类的以及警示（告知）类的导向信息分级规范。这里首先要注意的是，某类一级导向信息应与其他一级导向信息分在同一组，如果需要将某个二级导向信息纳入一级导向信息层级中，则必须确定这个二级导向信息的重要性要低于所有的一级导向信息。其次，三级导向信息应该出现在一级、二级导向信息之后建立层级差别。第三，性质类似的导向信息如果呈现于不同的场合，则可能会被划分在不同的层级。例如，从高铁车站广场去往售票处的旅客，会看到“售票处”这一信息，在当时就是一级导向信息。同时，一个在候车室内等候的旅客也有可能看到这一词条，但此时“售票处”就变成了二级信息。同时还应该遵循连续性原则，在抵达目标地点的过程中，流程的通畅是至关重要的，这就要求相同等级的信息传达必须满足视觉的连续性。这样做可以消除任何可能阻断主要通过路径或使旅客产生困惑的元素（图4-10、图4-11）。

图4-10　高铁车站导向信息系统A

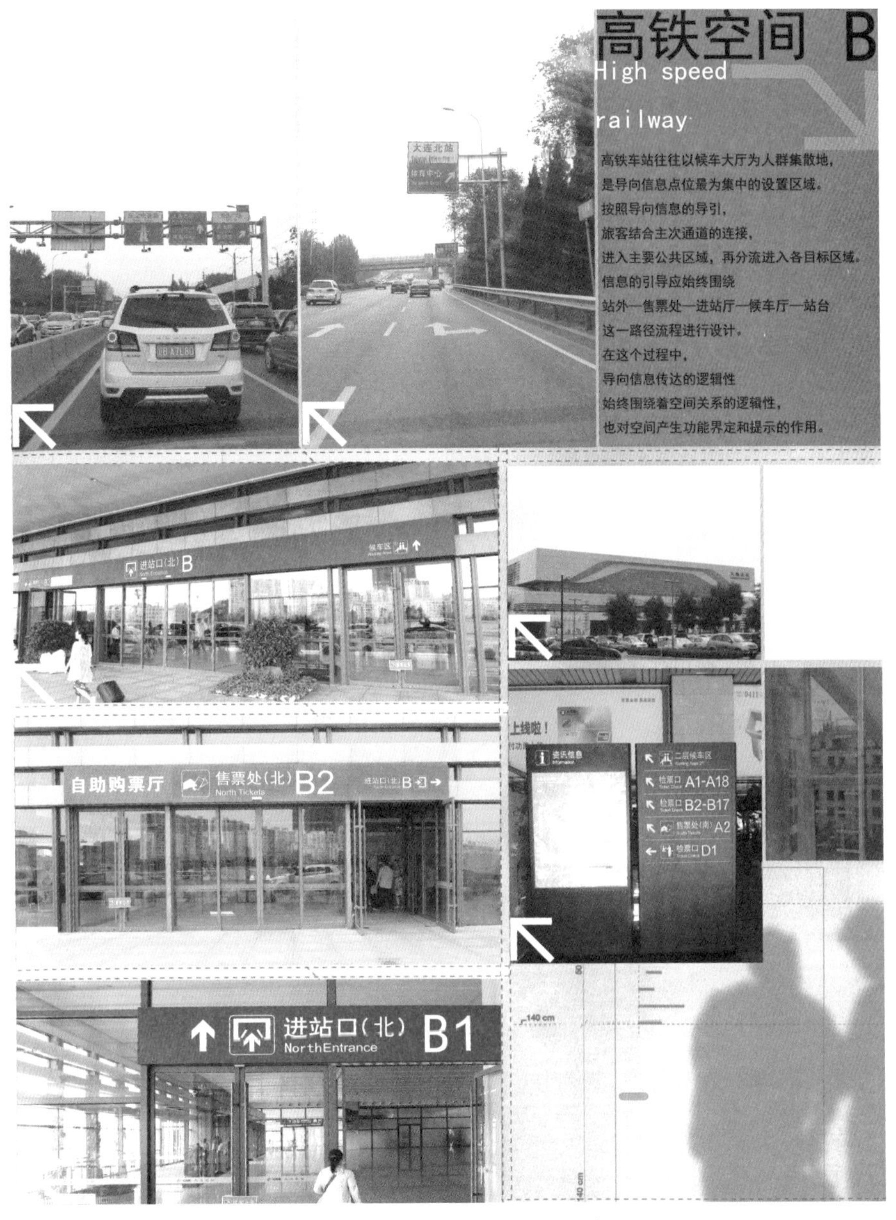

图4-11　高铁车站导向信息系统B

4.4　导向信息的分类

城市空间导向信息系统可分为城市道路导向信息系统（包括机动车导向信息系统、城市公交导向信息系统、城市轨道交通导向信息系统）和城市公共空间导向信息系统两个相对独立的系统。这种分类的目的是把城市空间导向信息系统这一庞大的体系分解成若干子系统后进行研究，有利于发现它们之间内在的逻辑关系。虽然本书探讨的主

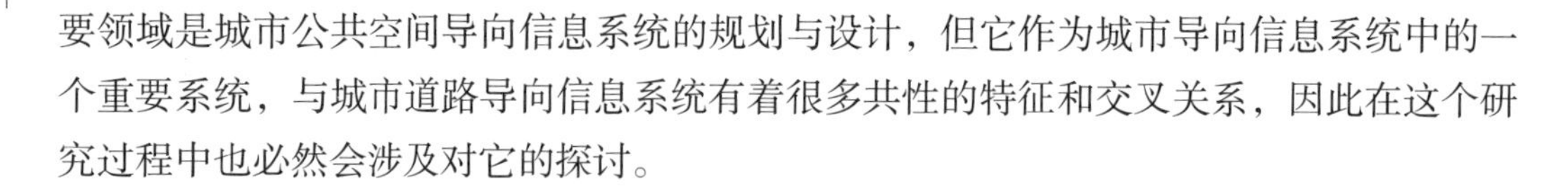

要领域是城市公共空间导向信息系统的规划与设计，但它作为城市导向信息系统中的一个重要系统，与城市道路导向信息系统有着很多共性的特征和交叉关系，因此在这个研究过程中也必然会涉及对它的探讨。

4.4.1 分类的依据

城市导向信息系统因各城市的环境、功能、文化等特征不尽相同，所以除了导向信息的功能使命基本相同外，在形式表现和设置方式上没有完全相同的分类标准，按照任何确定的标准，从任何角度都可以对导向信息进行分类。分类方式的不同决定了公共空间中承载导向信息的设施也不会完全相同，所以无论采用哪种形式，关键是能否以最合理、明确的方式传达最精准的导向信息的同时，又能符合城市整体发展的要求。

1）依据信息属性的分类：包括指示性导向、说明性导向、警示性导向和强制性导向信息等。

2）依据主次关系的分类：包括一级、二级、三级以至更多层级的导向信息。

3）依据空间位置的分类：包括户外导向信息和室内导向信息等。

4）依据行业性质的分类：包括公共服务导向信息和商业导向信息等。

5）依据载体形态的分类：包括自然形态、人工形态、复合形态等信息载体。

4.4.2 城市道路导向信息系统

1）城市机动车导向信息系统：主要的服务目标是为城市道路上行驶的机动车辆提供道路方向信息，导向信息设施遍布所有城市区域的主要道路，各条主干交通线路之间的导向信息最终互联互通形成城市机动车导向信息系统网络。

2）城市公共交通导向信息系统：主要的服务目标是为选择城市公交出行的人们提供所需线路、站点、时刻等相关信息，导向信息设施主要布局在城市各类公交站点，各条线路之间的导向信息最终互联互通形成城市公交导向信息系统网络。

3）城市轨道交通导向信息系统：主要的服务目标是为选择城市轨道交通线路出行的人们提供所需要的路线、站点、时刻等相关信息，导向信息设施主要布局在城市地铁和轻轨线路，各个线路与站点之间的导向信息最终互联互通形成城市轨道交通导向信息系统网络。

4.4.3 城市公共空间导向信息系统

城市公共空间导向信息系统是指围绕在涵盖广场、街道、居住区、商业步行街、公园绿地、景区等各种类型的城市公共空间，为行人、非机动车辆以及其他慢行交通方式出行提供的导向信息系统。这类导向信息系统的设置环境通常分别隶属于不同的业主单位，像人行步道归城建部门管理，开放绿地归园林部门管理，楼宇出入口的主要公共导向信息设施由业主单位负责实施等。

在微观层面上，城市公共空间导向信息系统根据环境属性的不同可划分为不同的类型，一般情况是围绕城市的基本功能来进行分类，如交通功能、公共功能、市政功能等，每一种功能又可根据城市环境与职能的差别进行进一步划分。

1. 基于空间功能角度的分类

1）交通空间导向信息：包括高铁车站空间、机场空间、地铁空间、港口客运站、长途客运站等导向信息类型。

2）公共空间导向信息：包括医疗空间、校园空间、购物空间、办公空间、酒店空间、观光空间、餐饮空间、运动空间等导向信息类型。

3）市政空间导向信息：包括公共服务机构、政府行政机构、教育与文化机构、公共安全机构等导向信息类型。

2. 基于无障碍角度的分类

主要以视觉障碍者为对象，借助听觉、触觉和其他感觉方式来传达导向信息的导向设施，拥有视觉传达方式无法替代的功能。例如，广播、乐曲、钟声、鸣笛、盲道、触觉标识等无障碍设施。

3. 基于导向信息功能的分类

包括空间及区域总平面图、空间及区域名称、建筑物名称标识、建筑物内外空间形象标识与图标、建筑空间内道路指引标识、道路分流标识、服务设施标识、楼层总索引图、分楼层索引图、大厅与走廊标识、公共服务设施标识、出入口导引标识、宣传栏等。

4.4.4　以大连森林动物园景区为例

下面以大连森林动物园园区旅游公共导向信息系统的规划为例，来具体分析此系统的基本构成要素与规划原则。

大连森林动物园是以动植物观赏为主要功能，为游客提供观光游览、休闲娱乐、科普交流、餐饮购物等相关旅游服务和设施的综合性旅游景区，由一、二期两部分组成，坐落于白云山和莲花山的狭长谷地之间，占地面积约7.2km^2。景区主要由十二个类别的动物主题圈养组团及餐饮、购物、救援、后勤保障等相关综合配套服务设施组成。

大连森林动物园景区旅游公共导向信息系统的整体规划，遵照了国家旅游局监督管理司颁布的LB/T 012—2011）《城市旅游公共信息导向系统设置原则与要求》，结合大连森林动物园景区总体功能规划，规定了该导向信息系统中各子系统的基本准则（设置范围、设置层级、设置点位）。城市其他功能区域的导向信息系统的规划与设计也可借鉴应用。该导向信息系统结合游人的空间行为特征，按照景区空间特征与功能布局，采取由外及内、由整体到局部的原则划分为五个信息层级（图4-12）。

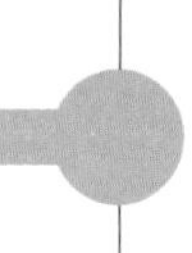

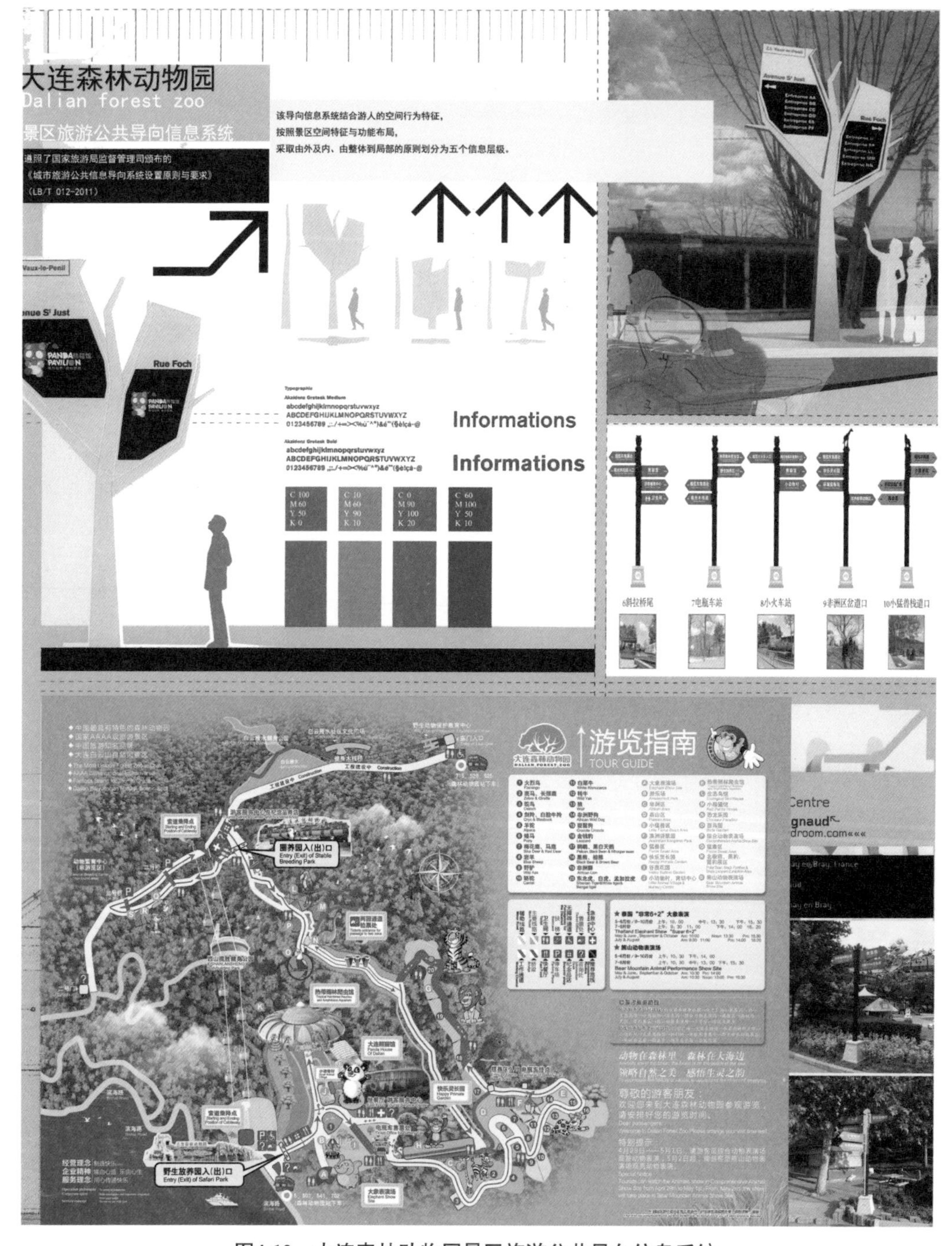

图4-12　大连森林动物园景区旅游公共导向信息系统

1. 一级信息

设置范围为途经大连森林动物园景区的城市主次干道交叉路口处，主要功能是引导游客利用观光车辆由城市快速路和其他主干道路前往本景区及附近区域，并提供景区方位、景区距离、主要观览项目与设施等的信息。一级信息由相互关联的行车导向信息系统（机动车、公共交通、轨道交通）和行人（公共空间）导向信息系统构成。

（1）行车导向信息系统（观光车辆）　行车导向信息系统是指为观光车辆提供通往大连森林动物园景区的导向信息系统。

1）设置范围：涵盖高速公路、城市快速路和城市其他主要交通路线。

2）导向要素：由景区方向标识、景区距离标识、景区主形象标识及景区指路标识构成。

①景区方向标识：为观光车辆提供前往景区方位信息的导向标识，由景区主形象图形符号、景区名称（中英文对照）与方向图标组成。

②景区距离标识：为观光车辆提供景区距离信息的景区标识，由景区主形象图形符号、景区名称（中英文对照）及到达景区的距离图标组成。

③景区主形象标识：为观光车辆提供景区观览项目及设施信息的景区标识，由景区相关主形象图形符号组成。

④景区指路标识：为观光车辆提供通往本景区内部的道路信息标识，一般包括道路、主要公共设施与服务设施、目标地点、距离与行车方向等信息。

（2）行人导向信息系统（非景区内公共空间）　行人导向信息系统是指为乘坐其他公共交通工具及步行的游客提供前往景区的导向信息系统。

1）设置范围：主要的城市交通枢纽（机场、高铁车站、长途汽车站、客运码头等）与主要的公共交通站点（公共汽电车站、地铁站、快轨站等）。

2）导向要素：由位置标识、道路标识和景区主形象标识组成。

①位置标识：由图形标识和（或）文字组成，用于标明服务设施或服务功能所在位置的公共信息图标。

②道路标识：由图形标识和（或）文字与方向图标组成，用于指示通往目标地点路线的公共信息图标。

③景区主形象标识：由相关主形象图形符号组成。

2. 二级信息

二级信息属于旅游服务导向系统，主要是指为游客提供展现景区形象的导向信息系统。

1）设置范围：大连森林动物园园区外的主要出入口；周边其他主要区域道路；周边其他主要建筑景观。

2）导向要素：由位置标识、导向标识组成。

①位置标识：由图形标识和（或）文字组成，用于注明观览服务设施以及服务功能所在位置的公共信息图形标识。

②导向标识：由图形标识和（或）文字与方向图标组成，用于指示通往目标地点路线的公共信息图形标识。

3. 三级信息

三级信息主要是指为游客提供景区内观览服务设施分布位置的导向信息系统。

1）设置范围：主要针对大连森林动物园景区内面向游客的特定区域。具体包括：景区内主要路网、圈养动物区各组团、散养动物区各组团、大熊猫馆、动物表演场、热带雨林馆、灵长类动物馆、汽车电影院、索道区、餐饮休闲中心、纪念品商店、动物救护中心、购物中心、行政管理中心、物业管理中心、消防中心、安保中心、无障碍设施相关场所、信息咨询中心、游服中心、游客急救中心、售票处、公共卫生间、停车场等区域。

2）导向要素：由景区主标识、方向标识、各组团距离标识、路网主要节点、总体平面布局图、路网导向图、信息板、便携印刷品、主形象图形符号和景区内各功能分区图形符号组成。

①总体平面布局图：展示景区内综合服务功能或服务设施位置分布信息的平面布局图，包括：大幅面观览交通路线图、景区3D仿真全景地图、导游图、导览图等。

②路网导向图：提供景区范围内的自然地理、景区组团、公共设施、主要功能建筑、主次道路的位置分布与导向信息点位分布的简化导览地图等。

③信息板：显示景区内特定场所服务功能或服务设施分布位置索引信息的多媒体显示终端。

④便携印刷品：方便游客携带并可随时查阅的景区导向信息资料，包括旅游交通图、导游图、城市地图、旅游指南等。

4. 四级和五级导向信息

1）设置范围：针对景区各分区域内部空间和非观览类场馆设施的导向信息系统。

2）导向要素：由景区主标识、各分区域内部空间功能分区的方向标识、图形符号组成。

三级至五级导向要素构成主要依据二级导向信息的导向要素构成，其中行人导向信息系统中的导向标识应重点对二级至四级信息进行方位指引，总体平面布局图宜给出一级至三级信息，至少应给出一级和二级信息。

当多个层级的信息同时出现在同一导向载体上时，导向信息应该按照由一级至五级的高低顺序依次进行布局。在分层级的基础上，应利用色彩因素对导向信息系统中不同性质和类别的信息加以区分，突出显示重点与特色旅游区域信息。

5. 警示性标识、紧急服务与规章制度

1）设置范围：按照规范要求，设置在所有应该设置此类信息的区域范围。

2）导向要素：由大连森林动物园景区的区域组团内功能分区的告知性、禁止性、紧急服务等方面的标志、图形符号组成，一般情况下可以等同于三级导向信息。

警示性标志包括：禁止吸烟、禁止通过、禁止乱扔垃圾、禁止入内、严禁烟火、禁止使用闪光灯、禁止投放食物、禁止游泳、小心路滑、禁止停车、禁止攀爬、高压电网等。

紧急服务、规章制度的公共标识包括：紧急出口、消防通道、安防系统、医疗救护中心、紧急呼救电话、紧急呼救设施、火情警报设施、灭火器等。

第5章

导向信息的设计方法与实施策略

导向信息设计是对环境空间的方位信息完成系统规划和视觉表现，涵盖了视效、维度和载体的综合运用，主要由图形应用（图标、文字、数字、地图、图表）、色彩应用、版式应用与载体应用（结构、形态、材料）等视觉元素与应用环节构成，它们按信息内容及性质，或独立或综合，形成了导向信息的完整系统。其中，导向信息设计的基础和核心是数据，依靠对数据的分析，就可以通过信息图形来完成信息的传达。从广义上理解，可以用“大导向”的概念来界定城市空间导向信息设计，就是把一切有助于寻路、有助于传达城市空间中的方位特征及规律的可视化信息都纳入导向信息设计范畴。它由两部分组成，一部分是用于反映环境空间方位信息的图形系统，另一部分是承载图形系统的信息载体系统（图5-1）。

图5-1　大导向

5.1 遵循通用性原则

5.1.1 通用性原则的设计

通用性原则的设计也称为“共用性的设计”，是使“产品与环境的设计尽量满足所有人群方便使用”的创造性设计活动。它产生于20世纪50年代，日本及欧美等国开始进行福利型社会建设，推广城市公共设施的无障碍设计，著名的“设计是为所有人群方便使用的”理念就是在这个时期产生的。

通用性原则的设计作为一种理念，并不是新的学科或风格。它主张一切为人类而创造，它认为建筑、环境和产品设计，应该无对象界定地适宜于所有的人群，即在设计中应综合考虑所有人群所具有的各种不同的认知能力和体能特征，构筑具有多种选择和应对方式的使用界面或使用条件，从而向社会提供任何人都能使用且都能以自己的方式使用的优良设计。日本摄南大学教授田中直人以在错综复杂的城市环境中起着重要传达作用的标识识别系统的研究为切入点，探讨了以通用性为基本原则的信息环境应该具备的条件以及它与无障碍设计之间的关系等命题。他所撰写的《标识环境通用设计——规划设计的108个观点》和《福利城市的设计——来自阪神大地震的检验》使以往的“信息无障碍识别”和“通用性原则”之间的关系中各种需要探讨的问题渐趋清晰（图5-2）。

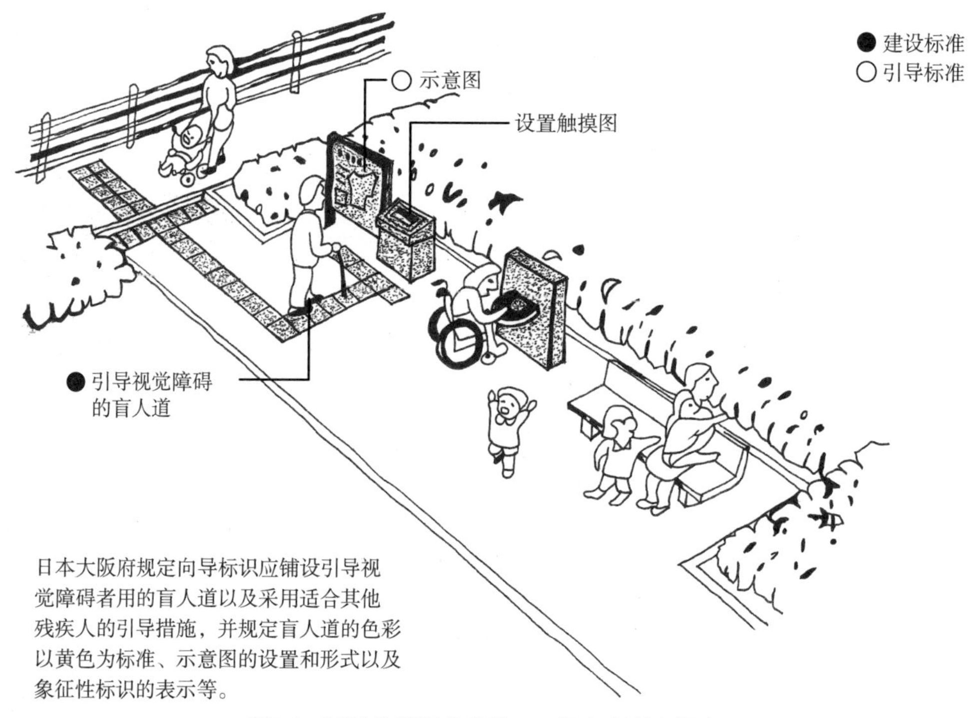

图5-2 通用性原则的设计——日本大阪府规定

5.1.2　通用性原则的内容

1）公平性：能满足不同人群的能力水平。

2）灵活性：能适应不同人群的爱好及变化。

3）便利性：能便于不同语言、知识、经验的人群使用。

4）易理解：能让使用者利用感知能力来轻松判断信息。

5）宽容性：能将因不当的操作造成的危险控制在最小范围。

6）省气力：能够不费力气轻松地使用。

7）舒适性：不论使用者身高、姿态和行动能力如何，在接近和使用时都应感到尺度宜人。

5.1.3　通用性原则的意义

导向信息设计是通用性原则在信息传达领域的具体应用，它的使命就是为城市环境中所有人高效率的出行寻路提供指导。它遵循了通用性的基本原则，即不应仅仅指向城市中某一类特定的人群，而更应适用于城市普遍人群，寻求共通、共享的，以方便所有人的信息沟通为出发点，尽量不再需要在使用过程中做调整或其他补充性的专门设计。

以通用性原则完成的导向信息设计所具备的价值是：

1）在设计过程中综合考虑了包括正常、健康成人的需求以及行动不便或有生理机能缺陷的成年人、儿童、老人和妇女等弱势群体的需求和能力。

2）强调“以健全人为中心的社会不是健全的社会，同样，以残障人士为中心的社会也是不健全的社会”的理念，更能体现设计的合理、人性和平等，符合当代社会发展所确立的人与人、人与物、人与环境的新型关系准则。

3）由于具备了平等性、灵活性、便利性、易理解、宽容性、省气力和舒适性等特征，大大增加了信息传达的接受度，是方便城市中残障人士、老人、妇幼、伤病等弱势人群日常出行的重要条件与参与社会生活的认知交流基础，是对城市综合功能的完善和强化，反映了城市的管理和文明水平。

4）超越了传统的无障碍设计，把设计对象从特殊人群扩大到全体人群，充分考虑各种类型的信息使用者的潜在需求；把信息认知和交流扩展到城市生产、生活的各个领域，有针对性地为所有人提供信息，提高了导向信息传达的受众面和传播效率。

5）以更加宽广的视野和平等性来重新审视现有的导向信息传达行为，并以“人生的时空”为参照系，构筑以人为范本的对象模型，将不同人群可能出现的各种生理与心理变化都纳入设计范畴之中，从而更趋向于人性化和大众化，更具有集约性、集成性和系统性。

5.2 导向信息的设计原则

导向信息是环境空间的重要组成部分，具有与环境空间的密切关联性，同时又呈现出视觉上的相对独立性，在某种程度上既要成为环境空间的导引，又要有机融入其中，具有美学价值的导向信息还是提升环境空间品质的城市景观。因此，城市空间导向信息系统的设计应做到与城市物理空间和人文环境的有机统一，以发挥信息传播的最大功效。

1. 保证清晰性

人们出行寻路容易随地理特征、空间情境和出行条件的不同产生判断上的差异。因此，导向信息应直观、易懂、易记，利于在各种复杂的环境条件下进行清晰的传达，让不同年龄、不同文化水平以及使用不同语言的人都能接受和使用。

例如麦当劳的商业成功，除了产品本身外，另一个重要因素就是麦当劳餐厅设计时能结合环境心理分析，通过对餐厅内外环境的光照、空间关系、色彩以及形象识别四个方面的设计，清晰地营造出引人注目的店面与空间特征，形成了在复杂商业环境中的高辨识度，具备商业上的诱导性，强化了麦当劳品牌形象的地标效应（图5-3）。

图5-3　麦当劳形象系统

2. 反映环境特征

导向信息要准确反映环境空间特征、空间形态和功能布局；要准确反映环境所限定的基本主题和内容，与所处空间环境的功能特征、空间气质相适应。做到功能标准上的规范、视觉表现上的统一、材料工艺上的合理和文化意义上的提升，使人们在复杂的城市环境中的寻路变得更容易、更具人性关怀。

例如北京奥运会文化景观导向信息系统设计与规划就很好地遵循了“绿色奥运、科技奥运、人文奥运”三大理念，突出“人文奥运”，体现了奥运精神、中国情怀和北京特色（图5-4）。

图5-4　北京奥运会文化景观导向信息系统

3. 适应空间行为特征

导向信息是为环境空间中活动的人来服务的，人群的流动特征与空间环境的特征有着紧密的关联，这两个要素是导向信息设计的主要依据。

购物空间和旅游景区中行人流动的节奏相对缓慢，方向分散不明确，导向信息可主动地引导人群的流动方向；机场、车站、码头等重要交通枢纽的行人流动特征是来去匆匆、目标明确，导向信息就成为人们快速进行下一步行动的重要提示；医疗空间中的导向信息主要集中在大厅区域中，涵盖挂号、导诊、就诊、划价、配药等一整套流程，人群的流动具有动态的多变流向性，呈现变轨运动特征，应该按重要程度进行导向信息的多层级划分来适应人的环境行为特征（图5-5）。

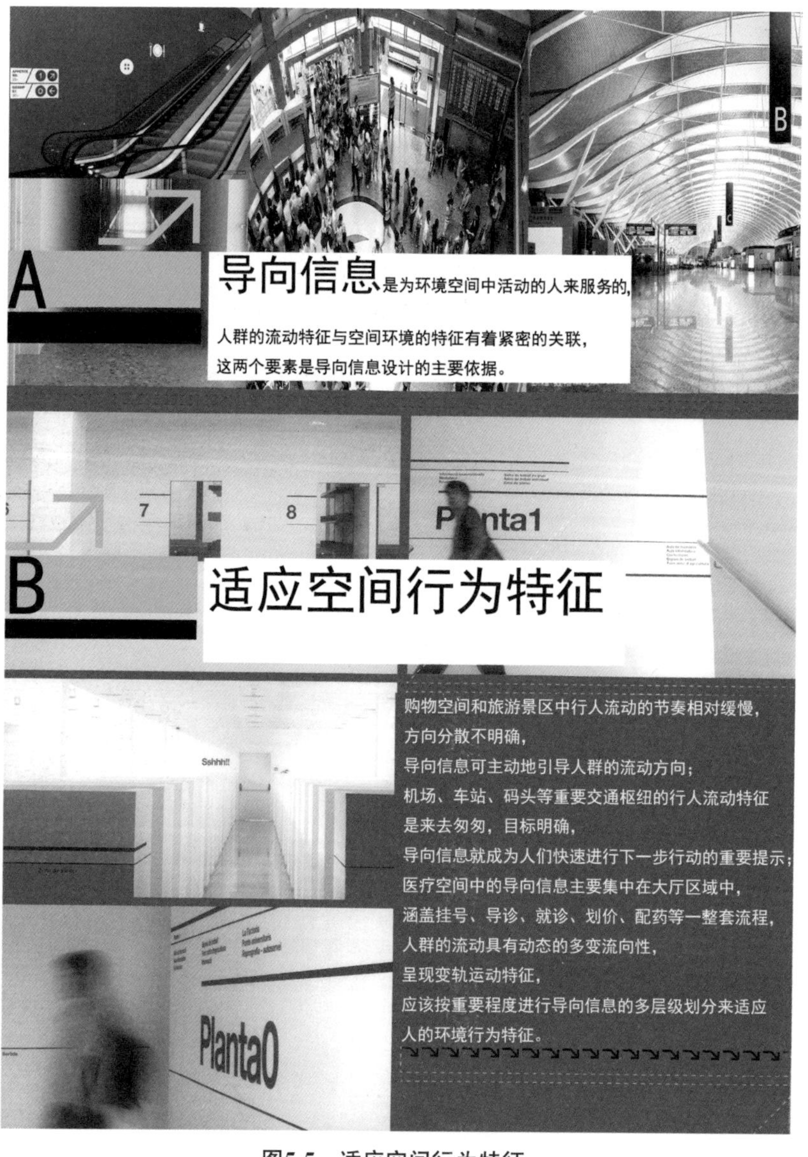

图5-5　适应空间行为特征

4. 信息载体具备环境适应性

导向信息载体的造型、体量一方面要以寻路者的认知习惯为前提，结合人机交互，确保信息在有效的距离内达到清晰感知，最大化地发挥信息传递的功效；另一方面应与环境空间的尺度和建筑内外空间尺度衔接，根据导向信息的内容、功能，以及其与建筑、环境空间的从属关系来确定。大连森林动物园二期的园区总体导向信息系统就是根据园区主要功能组团、主次观览路线、地形特征、区域划分、空间尺度等要素来设定相关导向信息的数量和规格的（图5-6）。

图5-6　大连森林动物园二期的园区总体导向信息系统

5. 信息的位置、层级与空间形态有关

导向信息的层级和载体布局要根据环境空间本身的功能、规模、环境特征、空间关系和与城市主次交通路街之间的距离来确定。如果规模不大的环境空间，其本身没有受到复杂的空间形态和道路变化的影响，交叉点少，寻路者到达每一个目标的路径就不会受到太多的干扰，自然也就无需过多的层级划分，点位数量也会相对简单，反之亦然。

大连森林动物园就属于导向信息的层级和位置（点位）相当丰富的环境空间，包含了五个层级的信息布局，点位虽错综复杂但系统有序，与景区环境形成协调统一、独立完整的导向信息视觉传达体系。

同时导向信息的设计还要遵循以下原则：

识别性原则：应从寻路者、信息、环境之间的相互关系角度，充分尊重不同对象在语言沟通、认知方式、行为特征等方面的差异，来搭建信息识别的平台。

功能性原则：所有的信息都应当具备明确的识别性、统一性和连续性，以满足寻路功能为目的，其他因素必须予以配合，否则直接影响信息的可达性。

规范性原则：应按照相关标准完成对信息图形的组织，遵循规范性的原则，应具备可复制性和最小限度的意义以及在任何场合的广泛有效性。

同一性原则：应倾向于通过图形语言来传达信息意义，具备视觉传达特征，保证同一性与关联性，强化寻路者对空间环境形成统一完整的认知。

通用性原则：要尊重不同类型群体能力上的差异，通过广泛性和包容性手段，提供人人皆可使用且都能以适合自己的方式使用的通用性导向信息。

艺术性原则：在保证功能性的前提下，让具有视觉表现力和美学价值的导向信息更容易被受众认知和接受，既满足基本的寻路功能，又提升信息传播效率。

5.3 导向信息的建构方法

良好的导向信息应该通过对信息的筛选→提纯→强化→重构一系列过程，建立使用功能与形式美感兼备的信息图形系统，以充满创意的视觉方式清晰呈现信息内容，让寻路者能够充分感知、理解、把握信息意义。

5.3.1 信息筛选——从繁杂到明确

环境空间信息作为导向信息设计的基础资源，在进行组织加工之前都是处于自然状态的原始信息，内容繁杂、结构松散、主题模糊，有的信息有误或已经失效，在传播过程中极易导致寻路者对环境空间产生困惑，这是寻路过程中产生曲解、误判，甚至被迫中断信息接收的主要原因。在这种情况下，设计前期应将原始信息完成采集、筛选，将不明确或无效信息的负面影响降到最低，构建合理的信息结构，来确保信息传播的稳定和顺畅，为寻路者创造接收有效信息的条件。

5.3.2　信息提纯——从冗余到凝练

当导向信息的视觉吸引力偏弱，信息内容不够简洁明确，与所属环境空间关联度较小时，这类信息往往不会迅速得到寻路者的关注。而过多的信息之间容易相互干扰，会减弱信息的信度和效度，因此必须遵循简单、易传播的原则来把握信息内容，在之前整理好的信息中将冗余的信息内容进行整合、提炼，排除那些无用的内外部信息的干扰，完成对信息的提纯，使之更加凝练。

5.3.3　信息强化——从清晰到突显

对事物的认知不清晰时就会产生不确定性，对环境空间信息的认知没有重点时就会记忆模糊，要消除或减少这些问题，就不能眉毛胡子一把抓。因此在导向信息设计的前期阶段需要深入体验环境空间特征，以寻路者的需求为核心，在经过提炼的环境空间信息中突出表达重点，经过强化突出的信息就可转化为设计主题，信息图形的构建都要为突出这一系列信息内容服务，只有这样才能在信息传播过程中引起关注并获得明确的认知和记忆。

5.3.4　信息重构——从数据到图式

人们对信息的接收已普遍依赖于视觉感知方式，这是一种语言形式的转变，即用非语言沟通交流，将枯燥、抽象、逻辑性的文本和数据信息转化成直观、可感知的图形信息呈现方式。这种方式规避了语言以及阅读的障碍，更容易引起观者快速识别图像并建立一套可感知的视觉信息系统，有效地激发人的潜能，让人们无需更多的解释及推理过程就能完成针对环境空间的理解、沟通与使用，实现信息的精准有效传达。

5.4　导向信息设计中的图形表现

5.4.1　信息图形的概念

信息图形是反映“数据、概念、知识”的视觉表现形式，可理解为用图形语言来建立信息与视觉之间的联系，传达信息意义。信息图形适合那些内容复杂生涩、难以形象表达的信息，可先充分理解、系统梳理后再使其视觉化，通过文字、图形（标识、图表、地图、图像等）简单清晰地向受众呈现出来。一个事物能成为符号是因为它被赋予了某种特定的意义，是与之相关信息接收者的普遍共识，信息图形既可以表达具体的事物或现象，又可以传达抽象的概念或知识。它不仅要解决表达信息的问题，还要帮助人们深化理解所表达的内容，并掌握新的知识。

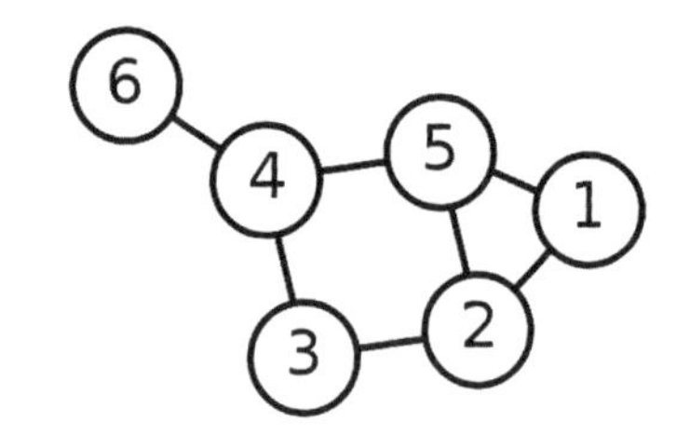

图5-7 西尔维斯特数学图表

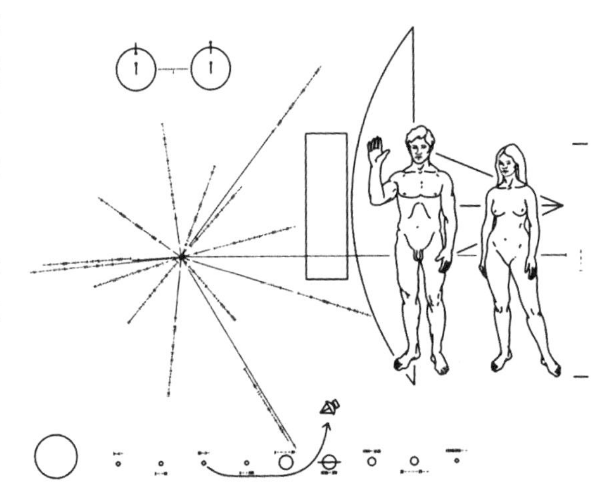
图5-8 先驱者10号信息图表

具有现代意义的信息图形概念最初产生于1878年，英国数学家西尔维斯特（James Joseph Sylvester）在《自然》杂志上发表的论文中第一次提出了“图形”的称谓，并绘制了一系列用于表达化学键及其数学特性的图表，这些图表也属于早期第一批的数学类图表（图5-7）。

1972年，美国先驱者10号探测器成功发射。先驱者10号上携带了一份经由美国天文学家卡尔·萨根（Carl Sagan）和弗兰克·德雷克（Frank Drake）设计的信息图表，该图表包含了太阳系行星的分布位置图，还有太阳相对于14颗脉冲星的位置关系，一对代表地球人形象的男性和女性人体轮廓等，由于考虑到是向未知文明传递信息，所有的信息内容都无法利用地球人类的语言进行描述，所以最终采用了视觉图形图像的方式完成交流（图5-8）。

5.4.2 信息图形的功能

1. 信息图形是将信息可视化的思维产物

人类是用符号来思维的，符号是思维的主体，导向信息设计正是逻辑严密的思维过程，是将各种无序的环境空间中的方位信息通过信息设计完成组织化、秩序化的目标，集策略定位、概念分析和系统建构为一体，整个思维过程既充满了特殊性，也具有普遍性。一方面，围绕设计目标，对相关信息进行筛选、加工、组织并完成重组；另一方面，利用信息图形对环境空间中的信息在视觉层面上的构成关系（大小、位置、比例）进行统筹和规划。

2. 导向信息设计以图形符号为媒介完成信息传达

当对环境空间中的相关信息完成筛选、提纯、强化与重构等一系列加工过程后，需要依托信息图形来完成导向信息的表现与传播，因此离不开对视觉要素中诸多关系的应用，如文字与版式、图形与图标、色彩与明暗、质感与肌理、比例与尺度、空间与位置等，其中处于基础地位的就是图标与图形。当信息图形以一定的数量、按照一定的秩序、结构和关系集合在导向信息系统内时，可以强化信息在环境空间中的传播效率（图5-9）。

图5-9　摇滚乐与流行音乐学院导向信息系统

3. 导向信息就是符号

导向信息以传达导向信息为使命，是能指和所指的结合体，因此它就是符号。因为人的行为受到认知的影响，所以符号意义阐释的准确与否必然会对信息的解读产生影响，对信息图形合理与准确的运用对于空间信息的传达非常重要。从视觉传达的角度来看，导向信息图形是十分重要的基础要素；从信息传播的角度来看，导向信息图形利用直观、明确的方式来传递意义，从而实现信息从记忆、存储到传播的过程；从功能实现性的角度来看，导向信息图形具有与环境空间相协调的适配性以及与材料工艺、视觉形态等方面的融合性（图5-10）。

图5-10　学校教学空间环境导向信息系统

5.4.3　信息图形的类型

信息图形分为具象性和抽象性两种类型，导向信息图形作为一种为寻路出行服务的专用图形符号也有这两种类型。

1. 具象性信息图形

具象性信息图形一般运用所指代对象的具体形象（人物、动植物等自然形态）作为表现形式。通常情况下，具象性信息图形与其指代对象的形象之间是相对应的，类似于镜像关系，通过形象模拟直接反映所指代的事物。由于具象性的信息图形是对目标对象形象的再现，它是一种可感知的图形，人们通过视觉经验即可进行理解，因此它具有真实、直观、亲和、易识别的特点，比较符合导向信息设计所强调的用图形示意和跨语言信息识别的效果，所以具象性的信息图形在导向信息设计中被广泛采用（图5-11）。

2. 抽象性信息图形

从符号学角度来看，抽象性信息图形是一种几何形态（有机形态和无机形态）的象征符号，图形与所指代含义之间不具备直接关联性，而是属于表征的关系。由于受到指代含义抽象性的限定，抽象性信息图形不具体形象地反映客观事物，而是依靠抽象的点、线、面、体元素的变化来表现其指代的特征。比较而言，抽象性的信息图形形式简洁、结构简单、内涵丰富，具有广泛适应性，尤其是在数据表现、模型分析和公共标准图标等领域具有不可替代的作用（图5-12）。在实际生活中，抽象图形更易被多元文化背景的受众所理解。

图5-11　大连森林动物园两栖爬行动物馆导向信息设计方案

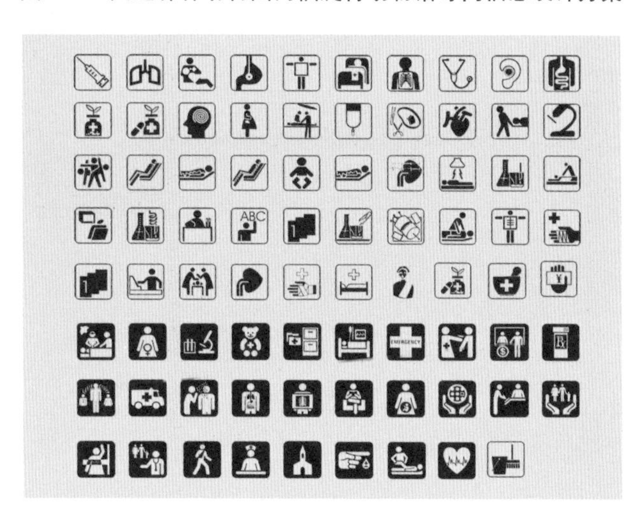

图5-12　医院专属导向信息图标

5.4.4　信息图形的构成要素

1. 文字

文字是人类用来记录语言的工具，是传达信息的符号，也是文化的主要传播媒介，它广泛应用于现实生活之中，人们随时随地都能在视线所及的地方见到文字的存在。文字是抽象的视觉形态，具备音、形、义三种基本要素，在产生初期是以图画（形）来表示物的表意文字（象形文字），经过长期的演变，现存于世的文字中除汉字以外，其他大都演变成记录语音的表音文字（英文字母）或音素文字（韩文字母）以及混合文字（日文当用汉字）。文字脱离了时间与空间的束缚，帮助人们产生联想，了解历史并获得知识与技能。文字从两河流域的楔形文字所形成的抽象符号到古埃及的以图形为核心的象形文字，还有我国的甲骨文，这些文字中所呈现的具象或抽象的符号意义，为信息的呈现提供了依据，它与图形结合使用往往比单独的使用词语更具优势（图5-13）。据考证，古人造字之初，其实也是在尝试用文字进行视觉的传达，达到信息交流的目的。

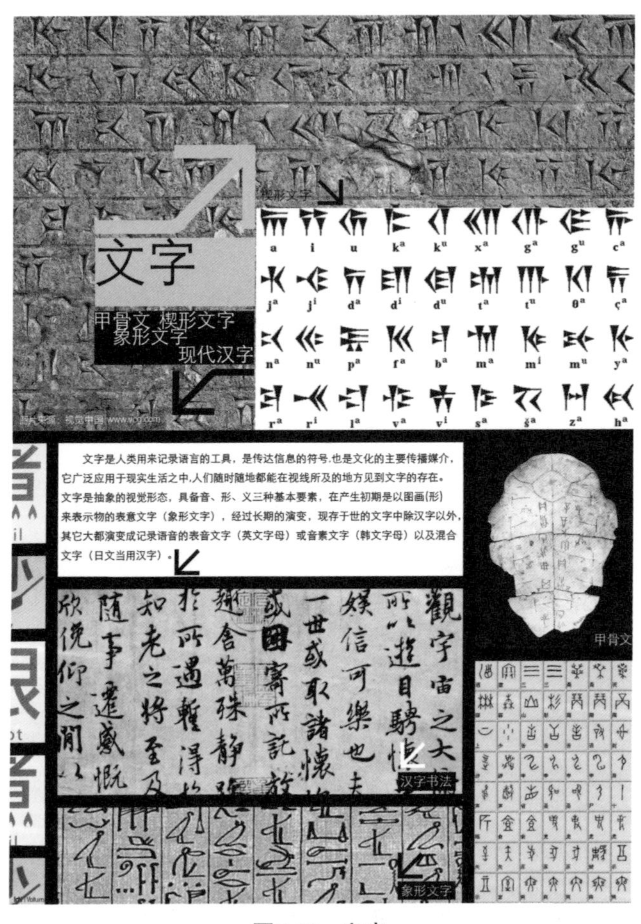

图5-13　文字

2. 图标

广义上的图标概念是指具备明确指代含义和识别性质的信息图形，具有高度概括并能快速传播、强化识别与记忆的特性。狭义上是指应用于计算机软件和智能通信软件领域、具有明确指代含义的软件标识和功能标识。

图标是信息设计中不可或缺的视觉符号，看似微小的图标对信息含义的精确传达至关重要。图标历史久远，应用范围广泛，从原始氏族部落的宗教图腾到现代生产、生活领域中的图形标识；从机器设备、媒体软件、商品百货到商务社交空间、公共服务场所等可谓无所不在。象征着国家的图标是国徽，企业的图标是标识，学校的图标是校徽，商品的图标是商标等，林林总总，不一而足（图5-14）。

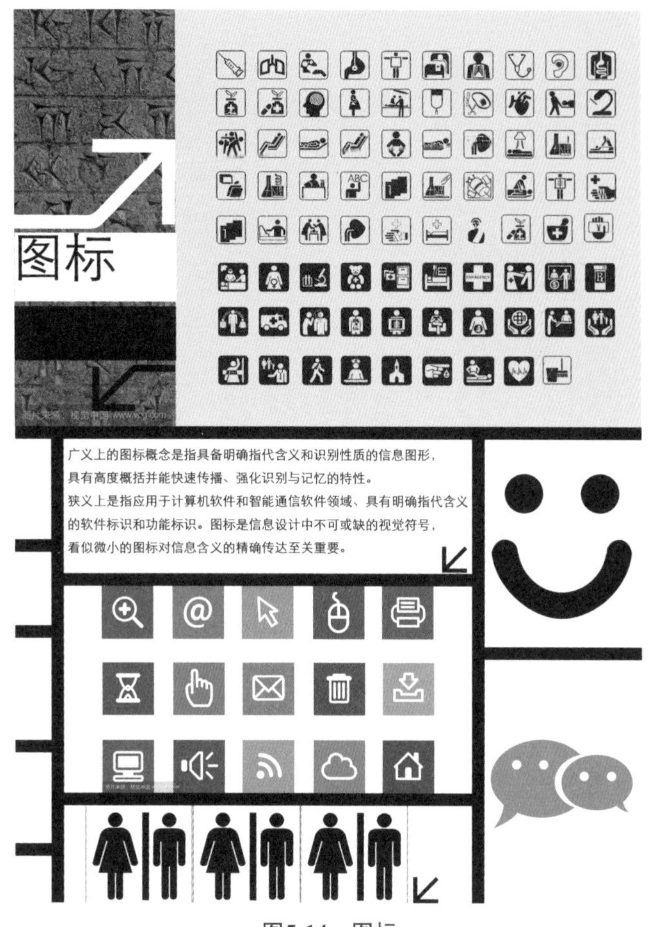

图5-14　图标

“图标替你说”网站上说：“在世界上很多遥远而偏僻的角落，我们常常会哑口无言，有时是因为美景摄人心魄、令人惊叹，更多的则是因为语言不通，不得不沉默。这种情况促使我们思考，如何才能用最简单的方式在全球范围内突破语言障碍呢？在东南亚一处穷乡僻壤的奇妙经历给了我们答案：图标。有了图标，它们就可以替你说话了，你就可以对世界说话了。”（图5-15）

3. 标识

标识是指一个事物可以被识别的特征，它可以是图形符号，也可以是文字、数字、箭头等符号，也可以是以上所有要素的集成，它传递环境信息和事件信息，应用领域广泛。在导向信息领域主要分为引导性标识、识别性标识和确认性标识。

1）引导性标识：这是最普遍的过程指示信息图形。通常是结合箭头图标、名字、标志或象征图形来指示通往特定地点及设施的路线标识（图5-16）。引导性标识所传达的信息内容要限定在多数使用者共同关注的内容上，同时要采用辨识度高的表现方式。

2）识别性标识：是对事物在环境空间中的位置状态进行描述的信息图形，目的是识别出在环境空间中的某个物体、某个地点或者某个人，结合图形、文字、数字等表示，如“石湾镇，朱紫居委出租屋，9号”（图5-17）。这种只有在获取这些信息的人掌握了相应的参照系统的情况下才有效。

图5-15　图标说话

3）确认性标识：是提供为确定寻路决定所必需的环境空间信息。这些信息图形设立在决定形成之后的位置上，就像是个检测站，被称为是确认性标识（图5-18）。确认性标识强化了确定性，而且更深远地影响到对在前面的决策点上获取的信息内容的印象。这种信息的形式对信息的持久性有直接影响。

图5-16　引导性标识

图5-17　识别性标识

图5-18　确认性标识

4. 图像

图像指各种不同图形和影像的泛称，是对客观对象的一种相似性的、生动性的描述或写真，是人类社会活动中最常用的信息载体和信息源，包括传统纸质媒介、照片或底片、电影、电视、投影仪或手机、计算机显示器上的数字影像。在导向信息设计中，图像是很重要的信息图形表现的手段，它为导向信息系统提供了一个范围广阔的形象信息认知方式，有助于寻路者快速清晰地了解环境空间特征（图5-19）。

5. 地图

地图是指按照一定的比例参数，运用符号、颜色、文字标注等视觉语言描绘、显示特定区域内的自然地理、空间环境的分布与相互关系、数量与质量特征以及在时代变迁中的地理变化，它是空间信息的载体。地图包含众多类型的符号、图标、图形、表格、箭头、点和线（平行线、虚线、直线）来定义海洋陆地、山脉河流、区域边界等的名称、方向和维度（图5-20）。所有的地图都是一种对空间的抽象再现。比例是重要的参数，一切都根据比例尺来标注。

图5-19　图像　　　　图5-20　地图

6. 图表

图表泛指可直观展示统计信息属性（时间性、数量性等），对知识挖掘和信息的直观感受起关键作用的图形结构，是将对象属性直观、形象地进行可视化的手段，尤其对时间、空间等概念和一些抽象思维的表达具有文字和语言无法取代的传达效果，具有准确性、可读性、艺术性、直观性的特点。图表的设计往往根据大数据的采集通过图示、表格来表示某种事物的现象、规律或某种思维的抽象观念。条形图、柱状图、折线图和饼图是图表设计中的四种基本类型。此外，可以通过图表间的相互叠加来形成复合图表类型。如今随着对信息的梳理、传达的重视，图表设计的独特表现形式被广泛地应用在自然科学、社会学、经济学、大众传播学等诸多领域。

5.4.5 信息图形的设计

信息设计包括数据、信息、知识、科学以及视觉设计方面的所有表达。若能给予恰当的组织，不仅任何事物都可以通过信息设计来发现其中各种不同的关系，还能让我们了解在其他形式下不易发觉的规律。信息图形是对信息的视觉呈现，可以提高人们解读数据背后意义的能力。导向信息则是以信息图形为基础，结合信息技术创建以视觉方式表达空间方位信息的技术与方法，让我们快速理解环境空间特征。

1. 根据综合判断，确定表现内容

导向信息图形是具有方位指示功能的视觉符号。在对导向信息进行图形设计之前，首先要结合信息环境特征和寻路行为的判断分析来进行图形设计，这样的设计表现才能更加地精确，意义表达才能更加地清晰。在具体的设计过程中，应结合国家标准导向信息规范的规定、主题内容、功能性质来深入挖掘信息内涵，还应组织相关使用者与设计师进行相关环境空间的现场调研，进行有针对性的研讨会商。

2. 准确、直观地表现信息

准确、直观地传达信息意义是信息图形的使命，我们常说的“一图胜千言”，就形象地说明了信息图形所具备的语言和文字没有的优势。信息图形可以在最短的时间内清晰地传递出信息含义并产生难忘的印象和长期的记忆联想。在进行图形设计时遵循简单准确、形象直观的设计原则是一个难题，因为多数的环境信息类型繁冗且结构混乱，若不经过优化、提纯，把所有信息内容不加选择地进行处理，会造成图形语义晦涩难懂，辨识性差；而对信息内容过于简单化地处理，又可能削弱信息内容的完整和精准。

美国著名统计学和计算机科学教授威廉·克利夫兰（William Cleveland）指出，人们在进行视觉认知时会经历“图形直觉”和“表格查询”两种心理过程，在“图形直觉”过程中，人们识别的是信息的整体；在表格查询过程中，人们识别的是具体的、特定的细节。因此，在进行比较复杂的信息图形设计时，可以选择具有主线特征的主要内容进行图形化的提炼，同时，其余的信息则可围绕主要内容进行配合，巧妙地关联在一起。

3. 深入解读信息、挖掘内在规律

导向信息图形设计不仅要传达出方位信息，还要协助人们深刻地理解信息中隐含的规律。要想准确地表现并揭示导向信息的特征和规律，需要设计师对与导向信息相关的各种内外部因素进行深入的了解，如同演员，只有体验生活、感受角色，才能将自己的体会表演出来。设计师也只有在掌握了导向信息本质特征和规律以后，才能运用适合的形式美原则来完成图形设计。

导向信息图形既提供了针对方位信息指引的视觉认知方式，也提供了针对其他类型信息的系统判断方式。导向信息图形既是视觉形式的表现，更是集内容、逻辑、功能、技术为一体的综合的系统设计的产物。尤其是数据已经成为当今社会各个行业领域中核心的影响因素，设计决策将普遍基于对数据的分析判断而做出，而非经验与直觉，所以在设计过程中，需要对所采集的大量数据进行系统分析、逻辑判断和技术处理。设计师不仅要具备相应的图形处理能力、把握人的认知规律和行为方式，还要善于利用现代先进的信息技术手段完成实践（图5-21）。

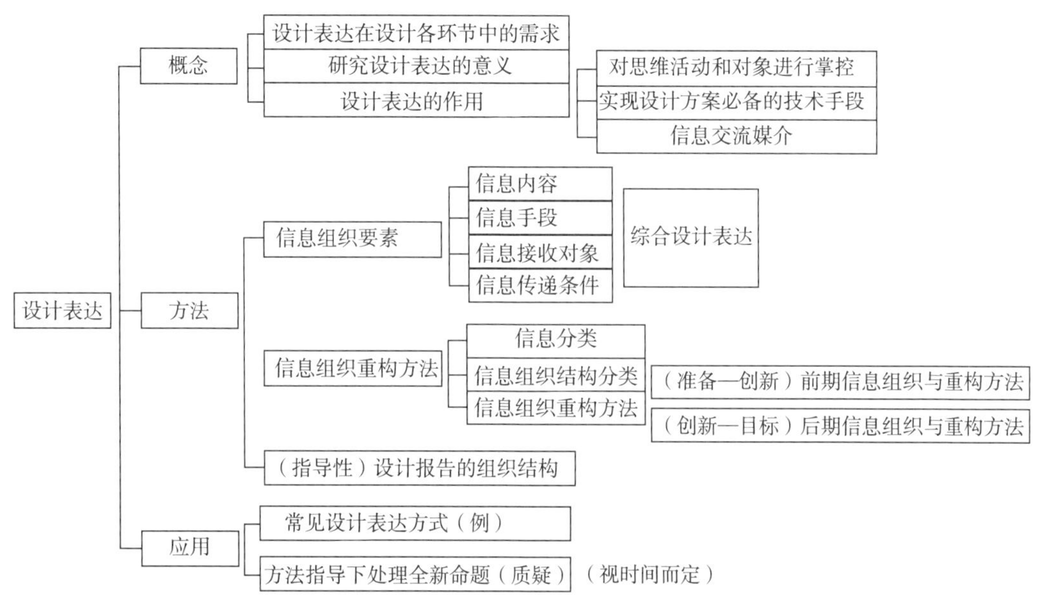

图5-21　设计表达与信息

5.5　导向信息设计中的色彩应用

色彩具有情感知觉特征，人在面对不同属性的色彩时会产生不同的心理反应，引发不同的心理联想，产生特定的象征意义，进而形成不同的情感和情绪。英国心理学家格列高里认为："颜色知觉对人类具有极其重要的意义，它是视觉审美的核心，深刻地影响我们的情绪状态。"就视觉而言，人对色彩的感受明显优于对图形的感受，在影响视觉感受的元素中最为活跃的就是色彩，色彩对导向信息形成系统性和识别性具有重要作用。

5.5.1　色彩四原色

色彩四原色分为色光四原色和颜料四原色，在这里我们以颜料四原色为研究对象，是指红（品红）、黄（柠黄）、蓝（青）、绿（翠绿）四种基础颜色。试验证明，四原色对视觉的感知程度普遍强于其他颜色，这里的绿色是通过蓝与黄的混合产生的，视觉刺激程度相对较弱，具有舒适性和柔和感，对眼睛的适应和放松很有帮助，容易联想到自然界的植物色彩，显得很有生机。红、黄、蓝、绿四原色本身各自具有典型的色彩含义，在信息设计中的应用比较普遍，是在结合了人对色彩的感知度、视觉经验、反应时间等指标进行系统考量并通过试验后，应用于各种类型导向信息设计的专用色彩，其应用模式已经成为国际标准。

1. 红色

红色在可见光谱中的光波最长，因而传播距离最远，对人的视觉和心理刺激较其他色彩都要强烈。从色彩对情绪的影响角度来说，红色易使人兴奋、紧张，在某些特殊情境下会产生流血、事故等联想，具有恐怖、死亡、危险、灾害的隐喻，因此通常被应用到强制性和禁止性导向信息符号中（图5-22）。红色在具体的设计与应用中，要注意若使用不当会造成视觉污染，对红色信息接收过多容易产生视觉疲劳。

图5-22　导向信息设计中的红色应用

2. 黄色

黄色波长适中，是可见光谱中明度最高的一种色彩，对视觉有很强烈的刺激感，因此容易引起人们的警觉。黄色的应用环境比较广泛，尤其在光线不足的情况下，相较于其他色彩极易被识别，因此具有保护、安全等特性，适合在交通环境中使用。黄色的这一特点有利于安全信息的快速传播，因此在导向信息设计中，黄色常常与黑色搭配，作为对反应时间相对较快的交通警示类标识的专用色彩（图5-23）。

图5-23　导向信息设计中的黄色应用

3. 蓝色

蓝色辐射直线距离较近，波长较短，它往往给人以天空、海洋的联想，具有崇高、深远、纯洁、凉爽的特质，还象征着冷静、平和的力量，已成为航空航天、计算机等行业中常用的色彩。由于蓝色给人一种沉稳的责任感，人们对它的好感度与信任程度都较高，所以蓝色被确定为导向信息符号的标准色，常常与白色搭配，作为对道路交通中的告知类导向信息标识的专用色彩（图5-24）。

图5-24 导向信息设计中的蓝色应用

4. 绿色

绿色处于中庸、平和的角色，还有自然、生命的意味，常被用来象征和平与安全。在导向信息设计中，绿色是道路交通中的常用色，高速公路的导向信息牌大多采用绿色，并且大面积使用，目的是缓解司机因长时间高速行驶导致的视觉紧张感和单调感，解除视觉疲劳，从而有效防止交通事故的发生（图5-25）。

四原色作为色彩的基础要素，其特性与适用领域已经得到了科学试验与应用实践的实证，由四原色拓展出的色彩类型千变万化。在信息设计中遇到不同的类型与功能，对色彩的选择也不尽相同，尤其在需要特色与差异化表现的导向信息设计中，科学的色彩组合会给人带来难忘的视觉感受。当然无论采用哪种色彩组合，都不能忽略色彩应用的出发点，即协助信息进行传达，易于受众进行有效识别，不能因单纯追求视觉上的醒目刺激而失去信息设计的识别目的。

图5-25　导向信息设计中的绿色应用

5.5.2　色彩知觉三属性

GB/T 15608—2006《中国颜色体系》中规定了颜色是由有彩色系和无彩色系组成的，有彩色系和无彩色系一起组成色体系。色体系是由色彩知觉的三种属性——色相、明度和纯度构成的色立体结构，各种色彩在色立体中都能有序排列，拥有自己固定的位置，通过相应的编码都可以找到（图5-26）。

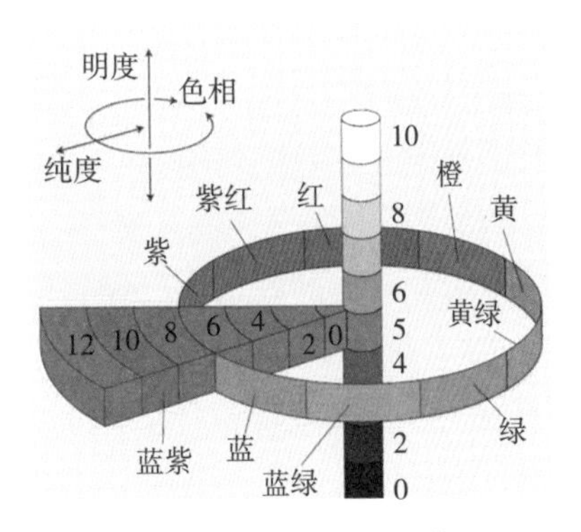

图5-26　孟塞尔色立体

1）有彩色系：由同时具备色相、明度及纯度三种属性的色彩组成。

2）无彩色系：由只具备明度属性的灰色系和黑白两极色组成。

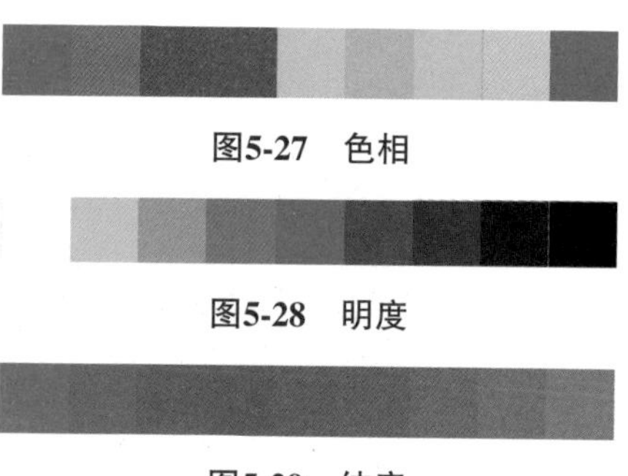

图5-27　色相

图5-28　明度

图5-29　纯度

3）色相：表示某种色彩的名称与特征（图5-27）。

4）明度：是指色彩的明亮程度（图5-28）。

5）纯度：是指色彩中所含有的色彩成分的比例高低（图5-29）。

色彩知觉三属性属于三位一体、共栖共生的关系，其中任何一种属性的改变，都将改变色彩的原始样态。

5.5.3　色彩的调性

色彩的调性也称为色调，是指一个视觉构图呈现的总体色彩倾向，是对其色彩特征的概括与评价。在色彩的明度、纯度、色相三种属性中，哪种属性起主导作用，就界定为哪种色调（图5-30）。比如导向信息版面编排的色彩呈现为高亮色调（即以明度的明暗为主导）、中灰色调（即以纯度的鲜灰为主导）、深冷色调（即以色相的冷暖为主导）的色调变化。

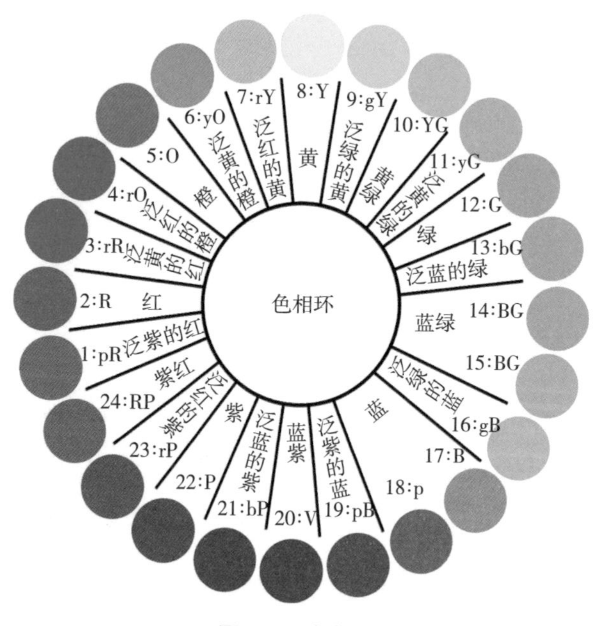

图5-30　色相环

色调的产生最常应用两种方式，即利用色彩的对比和色彩的调和方法来组合产生色调。色彩的对比可以达到醒目的效果，而色彩的调和则起到协调作用，它们都是形成色调的关键方法。很多导向信息版面编排的色彩中往往呈现的不是色彩属性中的某一个因素或某一种对比调和方式，而是多因素集成的以某一种为主的色调处理。

1）近似色调（图5-31）：利用色相环上相邻的色彩进行色调的组织。比如黄色和橙色组合形成的暖色调、蓝和青组合形成的冷色调。

2）渐变色调（图5-32）：将色相、明度和纯度中的任意一种按照预先设定的组织规划，依次排列渐次过渡到另一种色调。比如由明到暗的色调渐变、由暖到冷的色调渐变、由鲜到灰的色调渐变等。

图5-31　近似色调

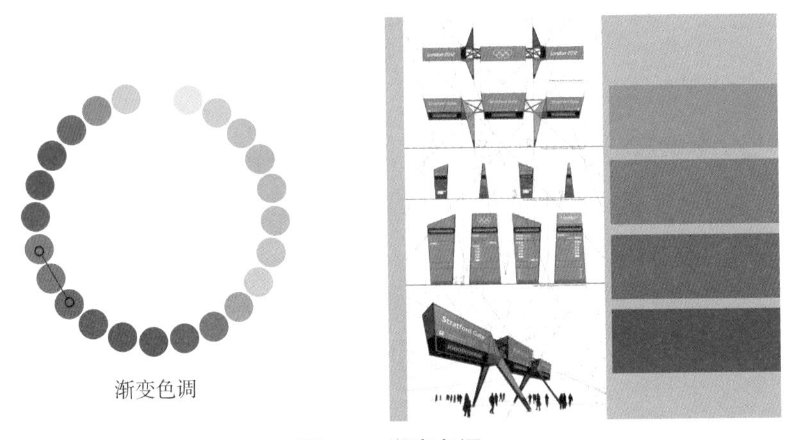

图5-32　渐变色调

3）对比色调（图5-33）：利用色相、明度或纯度的对比进行色调的组织，形成明确的强弱关系，色调的对比效果比较强烈。比如以暖色调为主的冷暖对比、以灰色调为主的鲜灰对比、以暗色调为主的明暗对比等。

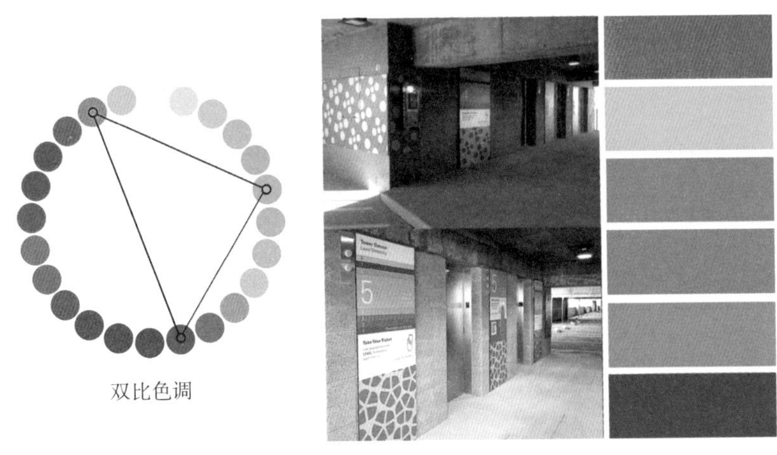

图5-33　对比色调

4）调和色调（图5-34）：色调大面积统一协调，小部分面积使用对比色，但要注意面积分配的合理比例，要强调突出主体。比如以暖色为主的调和色调、以冷色为主的调和色调、以灰色为主的调和色调等。

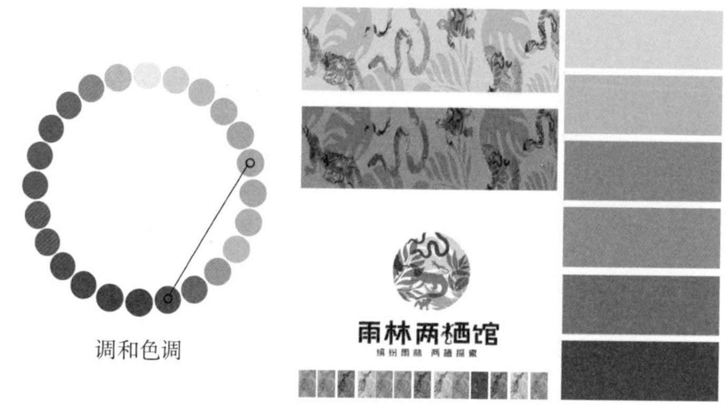

图5-34　调和色调

5.5.4　色彩的对比与调和

色彩的对比是突出视觉形象、强化视觉感受的重要手段，而色彩的调和可以为强化对比服务。对比与调和还可以用来体现视觉的空间层次，比如在进行信息量较大的导向信息设计时，需要通过对相关信息进行层级分类来实现不同类型信息的区分，就可以利用色彩的对比关系突出优先层级信息，用色彩的调和关系来弱化次要层级信息，以使信息形象更加具有空间层次感，信息传达更有秩序感。在这一点上，色彩的对比与调和的运用是辩证统一的，在具体设计中往往需要综合应用，都要以易于识别为原则，尤其要对其应用的环境因素进行整体考虑，在设计前就做出判断。

色彩的对比主要包括：明度对比、纯度对比、色相对比等方式。

色彩学理论认为，四原色的混合成为无限接近黑色的深灰色，是明度与纯度最低的颜色，而与之对应的是明度最高的白色，黑与白是明度上的两个极端，黑白对比是极端的明度对比。在信息设计中应用色彩对比时，黑色和白色经常被大量使用，每种色彩都可以在加入这两种颜色之后发生明度与纯度的不同程度上的变化。而除了这种明度对比，补色对比也是一种重要的对比方式，这种对比醒目强烈，刺激感强，但当两种补色比例失调时，这种对比让人在视觉感受和心理感受上会产生不安，其适用性没有明度对比强，因此在设计中需要谨慎地使用。

在视觉感受上，白色（黑色）的信息图形在暗深（明亮）底色的对比下其形象会产生扩张感，因而更加醒目，传达信息的速度也要快许多。在一些特殊性的设计表达中，需要遵循色彩的对比与调和原则，尽量采用符合人的心理和视觉适应性的色彩组合。而在需要采用全新的色彩组合时，要进行相关的视觉试验以证明其色彩的识别性与适应性，这样才能更好地提高色彩在设计中的应用效能（图5-35）。

图5-35 色彩的对比

5.5.5 色彩的心理感受

色彩是视觉认知中最活跃的元素，人们对色彩的生理和心理反应特别强烈，就视觉感受而言，色彩优于图形和文字的传达。在视觉设计中，色彩还是形成系统性和识别性的重要方法。在相对复杂的信息环境中，如果结合色彩的心理感受特征作为分层级识别的信息表达方式是比较有效的。

色彩具有视觉情感特征，不同性质的色彩在客观上带给人不同的刺激和象征性，在主观上可以带给人不同的心理反应与行为，表达不同的情感和情绪，引发不同的联想。人们在长期使用色彩的过程中，色彩的联想往往被社会规范所固化，形成某种特定的象征意义。色彩在人的心理活动过程中首先通过视觉感受开始，进而到知觉、感情，最后到记忆、思想、意志、象征，其间的反应与变化十分复杂。很多色彩学理论都明确肯定了色彩对心理活动的影响，在应用时非常重视这一心理过程，已经由对色彩的经验和感觉逐渐转变为对色彩的心理规范的研究。

色彩产生的心理感受中比较有代表性的是色彩的冷暖感。冷暖感并非真实的温度，它与人的视觉与心理联想有关，是依据心理错觉对色彩的物理性分类，一般由冷、暖两个色系产生。冷色与暖色除了给人们温度上的不同感受以外，还会带来距离感、轻重感、软硬感、强弱感等很多其他的感受（图5-36）：

图5-36　色彩的心理感受

暖色偏重，冷色偏轻；暖色显得密度大，冷色则感觉很稀薄；暖色通透感弱，冷色则较强；暖色有前进感，冷色有后退感；暖色有明快感，冷色有忧郁感；暖色让人兴奋，冷色让人安静；暖色华丽，冷色朴素。

5.5.6　色彩的易见度

色彩学上把色彩特征容易看清楚的程度称为色彩的易见度或知觉度，即色彩给人的强弱感。人眼感知色彩的能力是有限的，如果色彩彼此之间在明度、色相、纯度三种属性上过于接近，人眼往往不易清晰地辨别。色彩的易见度与光亮度和色彩面积的大小有直接关联，光亮度过弱与过强易见度都很差；色彩占据的范围大则易见度强，反之则弱。如果光源与造型形态的环境条件相同时，造型形态是否看得明晰，则取决于它与背景色调在明度、色相以及纯度上的对比关系，这其中尤其以明度对比所起的作用最显著，明度对比强则清晰，反之则弱。

根据色彩学试验测定：在从1级到10级的色彩级差中：4级以下的对比呈弱对比；4级以上7级以下的对比呈中对比；7级以上的对比则呈强对比。

易见度较高的配色组合有：白/黑、黄/黑、黄/紫、蓝/白、绿/白、黄/蓝。

易见度较低的配色组合有：黄/白、绿/青、黑/紫、灰/绿。

试验在不同色彩为背景的平面上画出直径为5mm的色点：在黑色背景上，黄色点的可见距离为 13.5m，红色点为6m， 紫色点为2.5m；在黄色背景上，紫色点的可见距离为12.5m，紫红点为9m；在青色背景上，黄色点的可见距离为11.9m，红色点为3m，紫红点为 1.8m；在红色背景上，黄色点的可见距离为8.5m，绿色点为1.2m，紫色点为3.7m。

日本色彩学家佐藤恒宏认为：在黑色背景上，图形色的易见顺序为白—黄—黄橙—黄绿—橙；在白色背景上，图形色的易见顺序为黑—红—紫—红紫—蓝；在红色背景上，图形色的易见顺序为白—黄—蓝—蓝绿—黄绿；在蓝色背景上，图形色的易见顺序为白—黄—黄橙—橙；在黄色背景上，图形色的易见顺序为黑—红—蓝—蓝紫—绿；在绿色背景上，图形色的易见顺序为白—黄—黄绿—橙—黄橙；在灰色背景上，图形色的易见顺序为黄—黄绿—橙—紫—蓝紫。

通常，为了提高信息传播的速度以及强调重要的信息，往往采用易见度高的色彩组合（图5-37）。以上这些经过实践验证的色彩试验结论和数据将成为未来进行城市空间导向信息系统设计的色彩应用的依据，要学会运用色彩易见度的特征来处理色彩的宾主和层次，来表达信息的主次与层级关系。

图5-37　色彩的易见度

5.5.7 色彩的记忆率

视觉对色彩的感知很敏感，因此也较容易记忆。色彩的感知度、记忆率和色彩的易见度以及背景色调等有关。通过对色彩记忆率的分析后认为，易见度比较高的色彩往往容易记忆：高纯度色彩比中、低纯度色彩记忆率高；艳丽的色彩比质朴的色彩记忆率高；形象鲜明并且辨识度高的色彩记忆率高；有彩色的记忆率高于无彩色；无彩色搭配有彩色则易提高记忆率；与背景形成强对比的记忆率高，形成弱对比的记忆率低。

在城市公共空间导向信息系统设计中，多采用易见度高的色彩搭配既可以提高信息传播的速度，也可以通过其较高的记忆率来精准传达信息意义，增强人们解读信息的精确性（图5-38）。

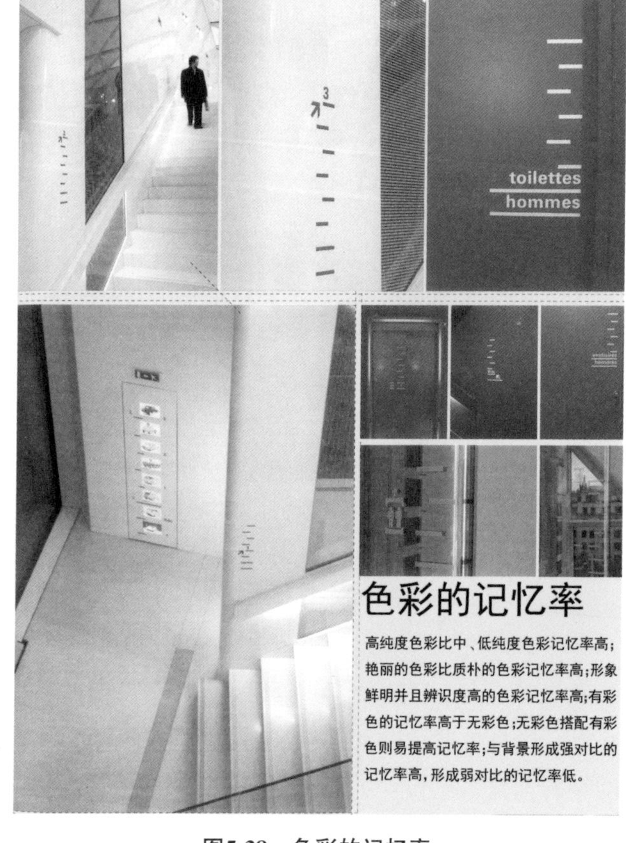

图5-38 色彩的记忆率

5.5.8 色彩的地域差异

除了对色彩的标准应用外，在个性化的色彩设计表现中，应该注意到不同国家和地区的不同种族和民族，由于社会政治状况、风俗习惯、宗教信仰、文化教育等因素的不同以及自然环境的影响，历经岁月的变迁和历史的沉淀，逐渐形成了各自独特的民族习惯和文化传统，对色彩的喜爱和忌讳均有所不同。

有的地区偏好色相反差大、明度对比强的色彩，追求雍容华贵的气质；有的地区偏好凝重、热烈、纯粹的色彩，体现着豪迈而纯朴的民风；还有的地区偏好丰富、细腻、淡雅、内敛的色彩，体现淡泊、随性的风俗。图形与色彩跟地域、文化有着密切的联系，比如在巴黎时装周上巴黎世家最新推出的这款时尚包袋，不管从形状、图案还是配色，几乎完美撞脸我国满大街的蓝白红条编织袋，也许在其他国家这款包袋并没有什么其他联想，但是国人恐怕不容易接受（图5-39）。同样，导向信息设计的色彩应用不能脱离客观现实，不能脱离地域和环境的要求，要把握色彩的适应性，尊重不同地区的色彩应用规范，这样才能使导向设施和环境融为一体，既能体现出个性又容易被受众所接受。

图5-39　色彩的地域差异

5.6　导向信息设计中的版式编排

版式编排是导向信息设计的核心环节，一个出色的版式编排能够强化大脑对信息的记忆。与其他视觉设计不同的是，导向信息设计中的版式编排必须保证信息内容的准确无误，易记、易识、易读是最重要的。如果表达的信息内容不清晰、无逻辑，即使版式编排得再漂亮也毫无意义。

5.6.1　版式编排的原则

导向信息是由文字、图标、标识、图表、地图等视觉元素组成的，其中的文字信息通常是数量最多、也是最核心的。文字既是传达信息内容的文本基础，具有独立完成信息传达的功能，也可以作为视觉元素而存在。通过对文字的精心设计和巧妙编排可使信息特征更加清晰。而图标、标识、图表、地图等信息要素本身就具有图形特征，如果与文字构成组合形态，图文并茂、形意兼备，则能够强化信息的识别与记忆。在进行版式编排时应特别注意对文本内容、元素大小、距离远近等因素的把握（图5-40）。

图5-40　版式编排的原则

1. 文本内容

确定信息模块的位置、大小和距离关系之前，首先要完成对文本内容的编辑加工，通过整合、归纳、提炼出有价值的部分，按照性质、功能进行信息分类。要有逻辑、有主次、分层级，结构准确清晰，有些特定的信息还要设定主题（图5-41）。

图5-41　文本内容

2. 元素大小

在确定了信息内容后，视觉要素在导向载体上占据的大小、比例等则直观反映信息的重要程度（图5-42）。

1）加强大小对比：主要元素的比例要加强，假如一个元素的重要性是2，那就把它的大小做成4，即使比例失调也可以接受。

2）加强细节放大：除了视觉元素本身所占的面积大小会影响视觉效果，元素的细节放大也同样重要，它使元素更清晰，更容易引起视线的关注。

3. 距离远近

视觉元素间距离的远近对确立信息的重要程度也有影响。依据格式塔心理学的另一个重要原理——接近性定律，凡是距离较短或者相互接近的部分容易形成整体；距离较近的信息更容易引起视线的关注；在版式编排应用上，元素距离上一个焦点近的，层级更高（图5-43）。

图5-42　元素大小

图5-43　距离远近

5.6.2　点、线、面、体

点、线、面、体是构成图形和图形系统的基础视觉要素，它们就像人体的骨骼一样形成了造型的基础结构，通过对点、线、面、体的相互叠加、组合构成，产生出无穷无尽的图式变化。点、线、面、体几何学意义上的特征如下：

1）点是视线可见的最小形态单元，本身只表示位置而没有大小和方向，是最单纯的视觉形态（图5-44）。

图5-44　点

2）线是点的运动轨迹，本身具有位置、长度但不具备宽度和厚度，可分为直线和曲线，线与线相交成点（图5-45）。

图5-45　线

3）面是线的运动轨迹，本身具有长度、宽度但不具备厚度，可分为规则形状和无规则形状，面与面相交成线（图5-46）。

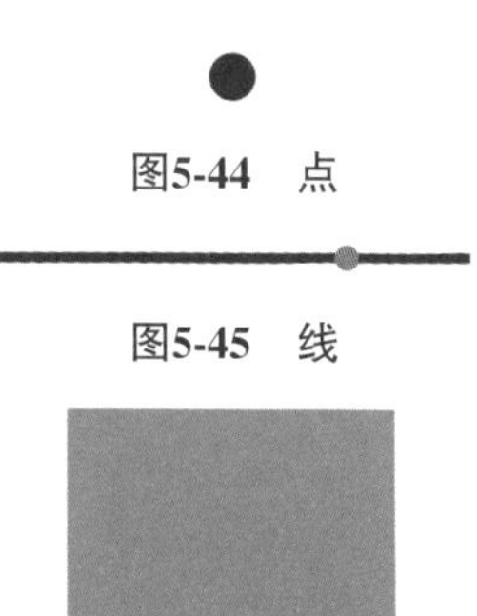

图5-46　面

4）体是面的围合、旋转轨迹，具有长度、宽度和厚度三种维度，具有立体感、重量感和空间感（图5-47）。

图5-47　体

点、线、面、体从符号意义的角度来判断，是抽象的符号形式，通过不同的形式和运动轨迹，来表达不同的情感与意义。

水平线具有平静、匀速之感；垂直线具有挺拔、突破、崇高之感；曲线圆润柔美；蛇形线灵活生动；圆形完美内敛；方形安全严谨；三角形坚毅稳定。

点、线、面、体从逻辑思维角度来判断：

1）点的特征：集中、归纳。

关注的中心：焦点、目标。

核心：归纳——集中。

2）线的特征：发散、演绎。

关注的中心：轨迹、过程。

核心：释放、开放。

3）面的特征：系统、综合。

关注的中心：总的范围、类别，所有的步骤与过程。

核心：集散——统一。

4）体的特征：整体、全部。

关注的中心：整体、理解与记忆。

核心：立体化、可视化。

点、线、面、体是构成各种图形符号的最基础元素，本身即拥有明显的符号属性，体现为其外在所显现的形式美感和内在所具备的象征和隐喻。点、线、面、体所蕴含的审美属性是利用绝对的抽象形式表现的，其被赋予的象征和隐喻则是通过思维联想利用有意味的形式表征出来的。

5.6.3 视点

可以这样去理解视点，当我们的双眼在看某一点时视线所能覆盖的范围内所形成的视觉重点。导向信息载体中的信息选择在怎样的高度、位置来传达，是由人的视点和空间尺度来决定的，通常可分为直视、仰视、俯视三类（图5-48）。

1）直视：这种视角适合在距离较近的范围内使用，当人与地面垂直站立或行走时的视线产生的视觉范围，经过统计后得出的导向信息载体近距离直视最佳的设计高度为1100~1700mm，这能给人们带来良好的视觉体验。

2）仰视：适用于视线距离较远的范围，将导向信息载体悬挂安装在人的头部上方，这样信息才能不被密集的人流所遮挡，使人可以远距离、清晰地识别导视信息，一般应用在交通、展会、机场、车站等人流、车流密集的场所。仰视的导向信息载体会给人极强的视觉冲击力，视觉效果明显。

3）俯视：这种视角在导向信息载体中也比较常见，它的视点一般在人的平视视点之下，具有亲和、轻松的效果。公共场所中类似于温馨提示牌、停车场地面引导线、博物馆展品的说明标牌等皆属此类。俯视的导向载体高度一般控制在地面±0以上至800mm范围以内，在位置选择上相对比较灵活。

按照人体工程学的角度分析，人对信息的接收80%以上是通过视觉来感知的，导向信息载体的布局应充分考虑人的视觉感受（即图形、色彩及字体的醒目和清晰），还要适应人的生理条件，所以高度要符合人体工程学的标准。通常情况下，在建筑物内部，以视距在5m范围内为例，一般信息和识别用的字体高度应至少达到25mm；方向性标识的字体高度应至少达到37mm。在一些视距较短的环境空间里，字体的高度也应随之按比例降低，导向信息载体的高度应控制在1000~1500mm范围内。在实际设计过程中还有很多与人体工程学有关的内容需要加以重视，如果只考虑导向信息设计的图形、色彩表现、版式编排等形式美因素而不顾及人在环境空间中的视觉尺度因素，就难以解决人们对信息识别的需求。

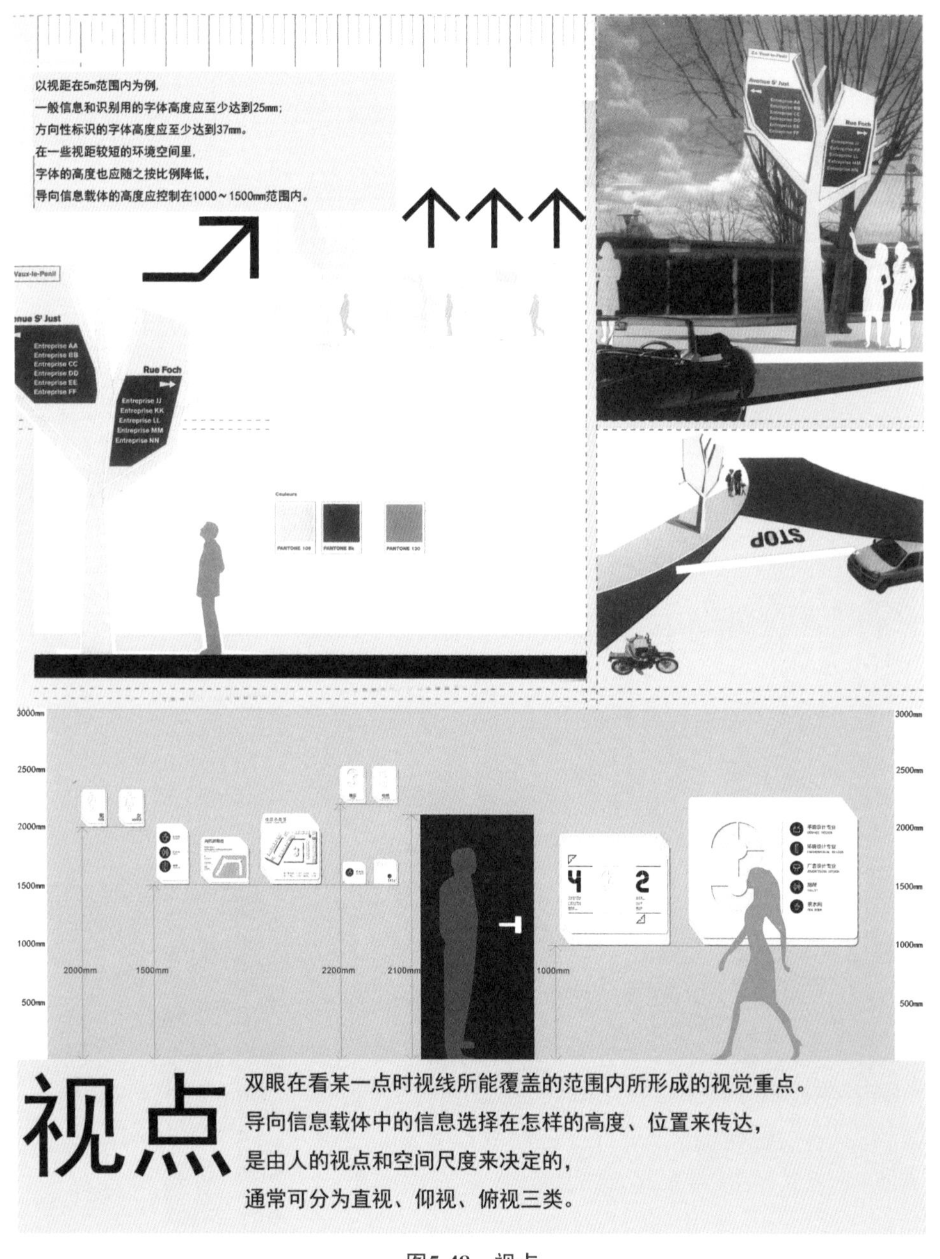

图5-48　视点

5.6.4 版式的视觉流程

当人们浏览信息时，视线在浏览过程中会在版面上形成一个视觉流程，这个流程能协助人们提高对信息阅读的顺畅性和秩序性。如果版式编排不能有效引导视线，则会模糊视觉流程，很难将信息快速准确传达到位。视觉流程是在进行版式编排前就应该考虑的环节，当视线扫描信息时，就会按照这个设定好的流程更容易、更有效地看到并理解信息意义。通常情况下：

当视线偏离版面的视觉中心时，在偏离距离相等的情况下，人眼对左侧上部区域观察效果最佳，其次为右侧上部、左侧下部，而右侧下部区域效果最差（图5-49）。所以左侧上部以及上中部被界定为最佳视域。

例如， 楼宇logo、楼宇名称、主标题等重要信息，通常会放置于最佳视域内。不过这种划分方式不是绝对的，有时也会受书写方式的影响，像阿拉伯文字书写的方式是从右向左移动，这时的最佳视域就应该是右侧上部。

当视线沿水平方向移动时，比沿着垂直的方向移动要快速并且不容易产生疲劳。一般情况是先看到水平方向的物体，后看到垂直方向的物体。左右侧的关注度差别要小于上下部分的关注度差别，如果想体现并列的层级关系，左右侧的排列会更为合适；而如果想拉开层级，并且仅想利用位置来实现，上下排列会更容易达到目的（图5-50、图5-51）。

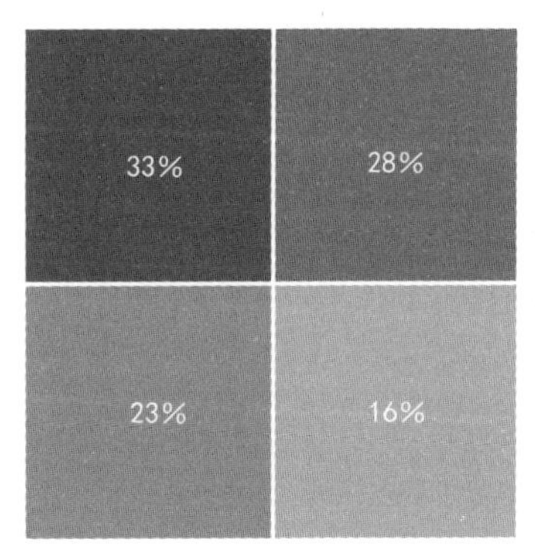

图5-49 最佳视域1

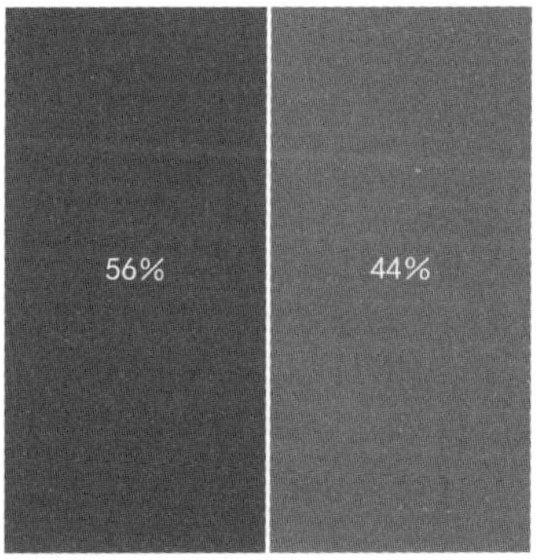

56%
44%

图5-50 最佳视域2

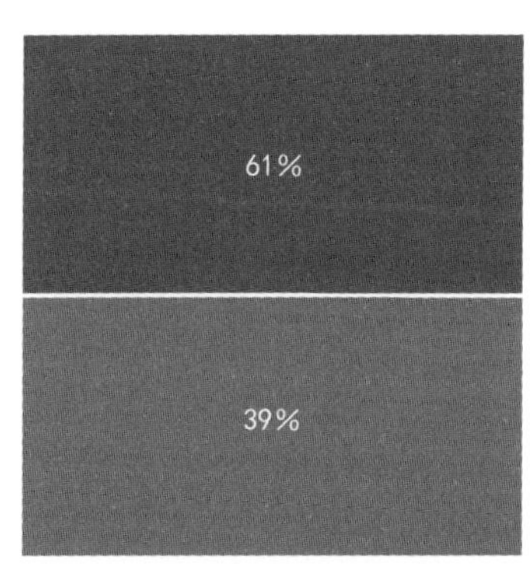

图5-51 最佳视域3

比较典型的视觉流程及其特征包括以下几种类型：

1. 线型视觉流程

线型视觉流程细分为横向、纵向、斜向、曲线视觉流程。

1）横向视觉流程：引导人的视线从左侧到右侧或从右侧到左侧的视线扫描，具有稳定可靠的感觉，是最符合人的视觉习惯的浏览方式。横向视觉流程的文字排列比较适用于横向版式导向载体的信息阅读方式（图5-52）。

图5-52 横向视觉流程

2）纵向视觉流程：引导人的视线自上而下的视线扫描，这种方式需要瞳孔不停地进行对焦，眼睛容易疲劳。纵向浏览版面时的效率和横向浏览差别不大，但在阅读细节时效率会降低。纵向视觉流程的文字排列很适用于纵向导向载体信息阅读的方式（图5-53）。

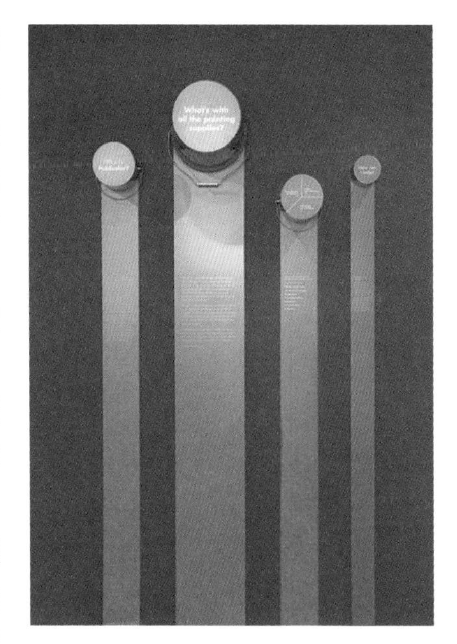

图5-53　纵向视觉流程

3）斜向视觉流程：具有明显的运动感和速度感，但倾斜的角度容易造成在文字认知上的困难，这种视觉流程不适合大量文字排列的信息版式，适合于导向信息设计中有特殊要求的版式或信息量不大的版式（图5-54）。

图5-54　斜向视觉流程

4）曲线视觉流程：人的视线会随此视觉流程形成个性化的曲线律动，节奏感强烈。这种类型由于眼球运动幅度较大，长时间大量的浏览会产生视觉疲劳，所以不适宜大段的文字信息，可以结合图形特点来配合使用（图5-55）。

图5-55　曲线视觉流程

2. 导向型视觉流程

导向型视觉流程通常会利用一个醒目的诱导元素来吸引视线，让人关注到目标信息。比较常见的诱导元素既可以是抽象的线条也可以是具体的人物造型、指示符号（字母、箭头）等。导向型视觉流程需要把握好诱导元素与目标信息的主次关系，作为诱导元素不能喧宾夺主，否则会分散对目标信息的关注度，削弱信息传播效能；最好是在诱导元素中嵌入相关目标信息，强化信息的视觉诱导（图5-56）。

3. 跳动型视觉流程

跳动型视觉流程会使眼睛在性质相同或接近的信息中，自主选择在那些特征突出或比较感兴趣的信息之间进行跳动浏览。设计过程中可以通过调整信息特征的强弱，不露痕迹地传递主次信息（图5-57）。

4. 放射型视觉流程

放射型视觉流程的视线起始于页面中部，处于此处的元素视觉感受最强烈，信息的传达最明显，并由此产生放射性的视线路径（图5-58）。

图5-56　导向型视觉流程

图5-57　跳动型视觉流程

图5-58　放射型视觉流程

以上四种视觉流程类型相对比较典型，但并不是全部。无论是哪种类型，是否遵循信息的主次层级关系，让人们能够流畅地浏览信息是要坚持的目标。

5.6.5　负空间的运用

版式编排中的负空间是除了文字、图形等视觉元素本身所占用的正空间之外的空白部分，即文字、图形的间距及周边的空白区域。版式编排效果的好坏，除了正空间外，同时也取决于负空间的运用是否得当。正空间与负空间组成了完整的版式构图。比如不同类别文字的空间要做适当的分类集中，并利用空白加以区分，因此文字的行距必须大于字距，否则会显得很分散，视觉流程难以按明确的方向和顺序建立浏览路径。

“黑无白不显，白无黑不彰”，在版式编排中，科学地运用负空间来平衡画面的结构关系、烘托信息主体、建立信息层级是很关键的。合理的负空间可以有效提升版面视觉流程的清晰度，提升阅读感受，它与文字、图形等视觉要素起着同等的作用。少即是多，让信息更加清晰，就应在编排设计过程中尽可能简洁明了，少用模棱两可的元素，减少视觉干扰。当然，简洁与简单二者不能画等号，对于图形、文字及色彩等设计要素的编排，简洁是一种品质，对构图的要求更为严苛，设计时需要对负空间进行精心的组织与安排，营造正负空间均衡饱满的构图。

“有之以为利，无之以为用”，在导向信息设计中，不要局限于版式编排中文字、图形、色彩的应用，还要利用负空间进行表达。当把正空间外的负空间同样作为视觉要素对待时，版式编排会更加主动，表现手段会更加灵活多元，在限定的空间区域里会显示出更加强烈的视觉张力（图5-59）。

图5-59　负空间

5.7　导向信息设计中的载体设计

5.7.1　基本概念

导向信息载体也称为导向信息设施，属于城市公共环境信息范畴里的城市信息家具系统，属于城市的细部设计。它通过形态美、结构美和材质美吸引视觉关注，为系统化的导向信息构筑符合环境空间特征的信息发布平台来提升环境空间认知度（图5-60）。

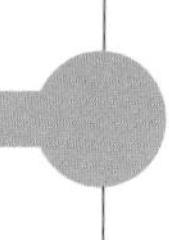

图5-60 伦敦奥运会导向信息设计中的载体设计

5.7.2 设计原则

1. 整体性原则

应秉承提升城市形象品质的理念，确定导向信息载体在环境空间中的造型形态、色彩、材质、体量的整体协调性，从整体出发完成对城市环境空间的功能特征、环境意象的系统化设计，强化识别性，为环境空间注入个性化参照物，使其具备高辨识度的景观特征，成为环境意象的有机组成部分。

2. 技术性原则

导向信息载体应关注生态、环保及可持续性，选择耐久的材料和精良的加工工艺，避免对环境的负面影响，提高功能复合度与使用寿命。结合美学原则使导向信息载体呈现技术性和工艺性。应形成集成多种使用功能于一体的信息发布平台，做到“实用、集成、经济、美观”。

3. 文化性原则

由于历史与文化的差别，不同的城市往往呈现出不同的特色，导向信息载体的设计应尊重这样的因素，与当地的建筑形式、环境色彩、空间特征和生活方式相适应，以提升城市环境空间品质、场所精神，延续城市文脉，使其成为反映城市特色的载体。

4. 通用性原则

人是环境的主体，导向信息载体的规划与设计要以体现人文关怀为原则，让寻路者清晰地完成信息认知，解决寻路难题，提高出行效率。细部设计除了要结合人体工程学和环境行为特征来合理布局位置、层级、数量外，还应通过通用性原则来展现对所有寻路者的关怀。

5.7.3　设计方法

人们在寻路时是从环境中筛选出与出行目标相关的信息，因此导向信息载体的位置、视点、体量、距离和形式的设计就要依据寻路者需求及空间环境特征进行有针对性的系统规划与设置。

1. 对比统一

导向信息载体在设计时应该设定差异化的表现形式，从大量的商业广告信息载体和其他信息载体中区别开来。通常的做法是用对比来区分，这种对比可以通过造型、色彩、材质来完成。同时，因为导向信息载体与环境是一个整体，在视觉特征上应与环境之间保持统一性，因此需要把握好的是对比的程度。

2. 样式连续

导向信息载体在造型样式上的统一连续很容易被识别，因此如果寻路者熟悉了某导向信息系统的载体风格样式，那么在复杂的信息环境中辨别它们就会更加快速。研究表明，样式统一的导向信息的载体通常在能阅读到信息内容之前先被认知到，当第一个导向信息载体出现后就可以较快地辨认出后续的载体。

3. 位置连续

导向信息载体的规律性布局也十分关键。寻路者往往在被动地接收到首个环境信息的同时，会习惯性地归纳出该信息载体的布局规律，主动地寻找其他类似的信息，如果寻路者知道要找什么，而且能够推理出想找的其他信息的位置并记住它们，那么就会减少在其他区域乱找的可能。

5.7.4　载体造型分类

1. 基于视觉形态的分类

1）拟态形态：模仿生物的功能和形态，来完成载体造型的设计方法。打破了生物体与设备之间的界限，将不同的系统联系起来，生动、逼真、趣味性强（图5-61）。

2）逻辑形态：通过一定的规律和规则，以几何造型形态为特征的载体造型的设计方法，抽象、逻辑性强，标准化、可复制、衍生性强（图5-62）。

图5-61　拟态形态

图5-62　逻辑形态

3）综合形态：结合多种元素、结构、规则完成造型形态的设计方法，复合度高、表现性强、功能丰富（图5-63）。

2. 基于材质形态的分类

1）自然形态：直接利用自然材质的肌理，经加工后完成的载体造型表现具有天然、质朴、生动的视觉效果（图5-64）。

2）人工形态：利用人工材质，经整体加工完成的载体造型表现，具有造型理性、工艺精良、结构严密的视觉效果（图5-65）。

3）复合形态：结合自然材质与人工材质的优点，经整体加工完成的载体造型表现，具有严谨规范又富于表现力的视觉效果（图5-66）。

3. 基于空间维度的分类

1）平面形态：以综合材质为载体，结合图形与文字来完成的具有二维平面特

图5-63　综合形态

征的导向信息表达方式，具有单纯、直接、易阅读和易理解的特征，适合于组合和连续性的导向信息识别（图5-67）。

图5-64　自然形态

图5-65　人工形态

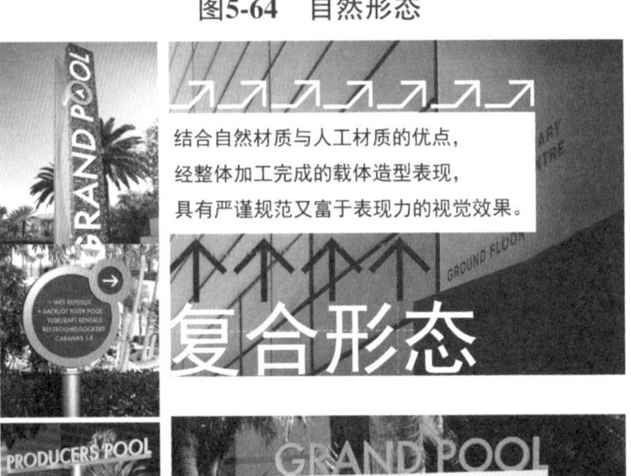

图5-66　复合形态

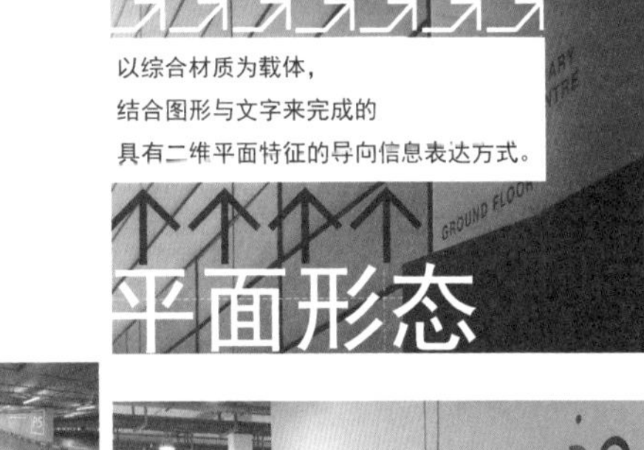

图5-67　平面形态

2）立体形态：以综合材质为载体，结合图形与文字来完成的具有三维立体特征的导向信息表达方式，具有造型丰富、生动的特征，根据主题与功能，既可设置独立，也可形成组合与系列关系（图5-68）。

3）光影形态：以二维和三维结构特征为基础，结合光源的组合变化来完成的具有四维结构特征的导向设施，具有视效丰富、醒目、变化丰富的特征（图5-69）。

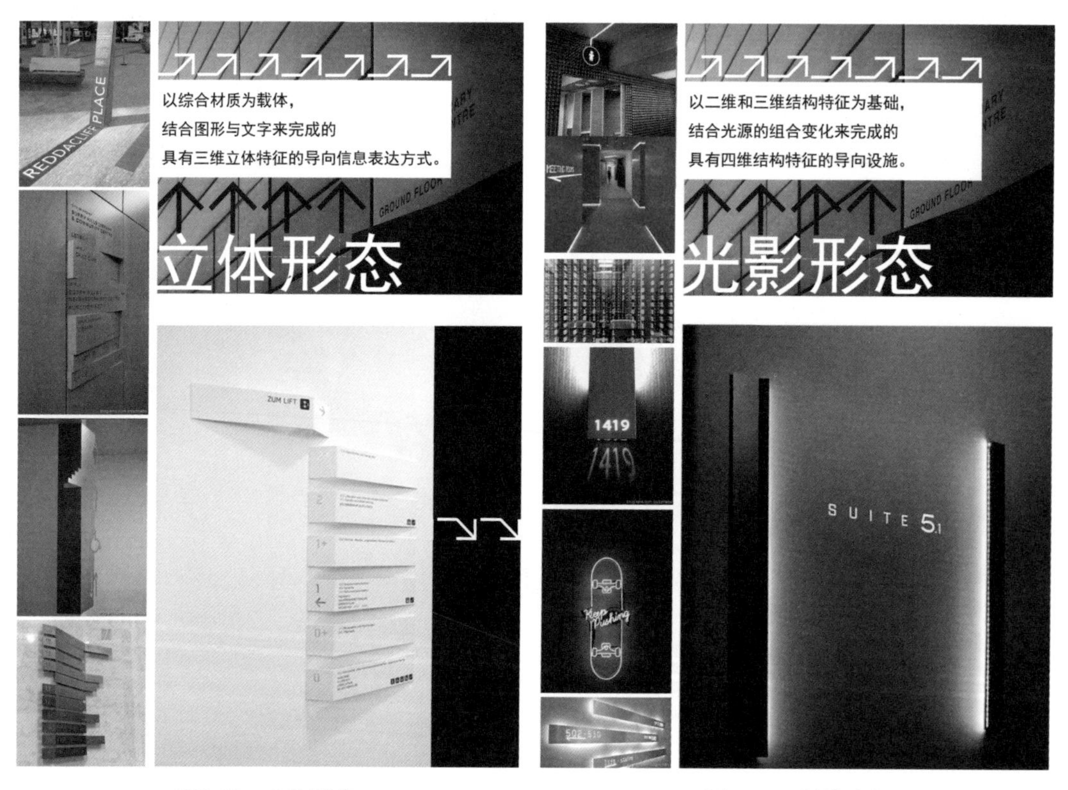

图5-68　立体形态　　　　图5-69　光影形态

4）多媒体形态：以综合造型结构为平台、结合数字媒体技术来完成的具有交互性特征的导向设施，具有内容更新快、信息量大、交互性强、视效变化丰富的特征（图5-70）。

4. 基于视线焦点的分类（图5-71）

1）嵌入式结构：信息载体直接嵌入到建筑物墙体的形态结构。

2）悬挂式结构：信息载体悬挂在建筑物或实体物顶面的形态结构。

3）挑空式结构：信息载体悬挂在建筑物或实体物立面的形态结构。

4）立地式结构：信息载体坐落在地面的形态结构。

5）地坪式结构：信息载体俯卧在地面的形态结构。

6）悬挑式结构：信息载体通过墙体立面悬挂于高处的形态结构。

7）共生式结构：信息载体依附于其他信息设施的形态结构。

图5-70　多媒体形态

图5-71　基于视线焦点的分类

5.8　导向信息设计的组织模式

5.8.1　建立贯穿系统的主线

为了提高识别效率，设计时应针对导向信息的类型、特点，在整个系统的重要记忆节点上赋予特殊的具有关联性的印记并反复出现，也就是将连续一致、关联性强的信息图形系统嵌入导向信息系统的各个主要环节中，引线串珠，形成一条在系统中相互呼应的逻辑主线，利用人的联想本能唤起记忆并形成整体的逻辑关联，产生格式塔效应，以迅速地形成完整的信息链接，它是提高导向信息识别度、增强记忆黏性的好方法。

1）主线贯穿整个系统，并在系统内外的不同环节中都可识别，是观察、解读系统内在意义、加强系统内外联系的纽带。

2）主线针对位置和方向信息的编组会对信息接收效果产生影响，使方位信息形成简洁、层次分明的系统并环绕主线相互依存，让系统更完整、结构更严谨、特征更明显，不会因信息晦涩造成思维在信息传输完成之前就“断线”的障碍。

3）主线可应用于不同领域、不同类型的信息设计中，尤其是在城市空间环境中大量杂乱的、碎片化的方位信息面前，可利用主线原理对其进行整体的梳理，系统地分类、组织，形成完整连续的逻辑关联，引导视知觉自动地进入有序、流畅的信息交流的状态，强化导向信息设计中的主线作用是顺利完成信息传达的重要手段。

4）主线有助于设计师在对信息的设计和传达过程中利用简单的方法，让复杂、零散的信息形成系列化、高重复率的图形系统，通过整体形象的反复刺激，增强记忆黏性。

5）主线有助于受众的感知焦点始终与导向信息系统保持密切关联，同时强化受众的视觉秩序、逻辑判断、空间体验，快速聚焦并锁定信息，形成精准、合目标的信息传达。

5.8.2 汉诺威红线

德国著名的文化名城汉诺威，是爵士和摇滚音乐家的圣地，也是2000年世界博览会的主办地。在汉诺威，若让游客将全城的旅游景点全部游遍是非常简单的，因为当地旅游局设置了一条全长4200m的红色导向标识线，又被称为“汉诺威红线”，是一个比GPS还好用的游客引导系统。这条红线是画在汉诺威市中心人行道上的游览线路，人们从火车站的游客服务中心出发沿着红线行走，一路上就可以在2~3h将全城的36处名胜景点全部游览一遍，最后红线回到了起点，永远不会担心迷路。与之配套使用的《汉诺威红线手册——您的私人专属城市向导》还会介绍红线沿途的各种信息，在值得游览的地方红线还会原地转上几圈，提醒游客多停留一会儿好好看看，这条“汉诺威红线”就是应用主线原理的很好例证（图5-72）。

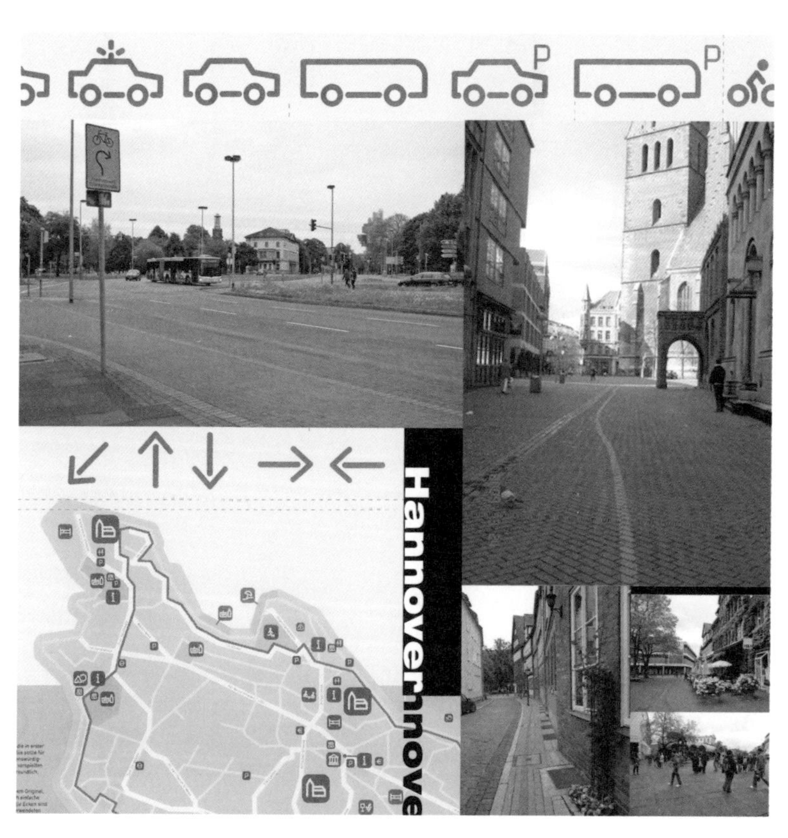

图5-72 汉诺威红线

5.8.3 组织信息的“LATCH”模式

针对导向信息设计的组织信息模式十分关键，美国建筑大师理查德·沃尔曼（Richard Saul Wurman）在他撰写的《信息焦虑》一书里指出，“信息架构师最基本的工作目标就是使信息清楚易懂，要专注于把复杂的东西变得清楚而不是简化，在信息爆炸的今天，使信息清楚易懂更加重要。我们必须能够找出最重要的模式，以让人清楚易懂的方式从信息中获取他们需要的东西，这些是决定你应该如何呈现信息的原则”。

理查德·沃尔曼提出的用于组织信息的模式简称“LATCH”，是由位置（Location）、字母顺序（Alphabet）、时间（Time）、分类（Category）、等级（Hierarchy）等要素形成的组织模式。“LATCH”的组织信息的思路不仅适用于文字类的信息，也同样适用于图形信息。

1. 位置

通过以地理概念的方式来规划设计导向信息、典型示例是十分有效的。例如导航地图、交通指南、旅游路线图等。

2. 字母顺序

依据英文字母的顺序来组织信息内容的架构，简洁实用的模式在对应海量信息制品的时候是十分有效的。例如电话簿、城市黄页、候机楼导向系统等。

3. 时间

如果需要知道事件发生的先后次序，那么通过时间要素来进行导向信息的组织是十分有效的。例如日历、航班出发和到达时刻表。

4. 分类

根据信息的特征类型，通过类化完成群组的合理编排是十分有效的。例如大型超市中最基本、最核心的商品分类方式，档案，企业黄页等，它们可以强化各信息类别之间的关联度。

5. 等级

根据信息的度量标准、价值或者其重要程度来进行信息组织是十分有效的。例如食物链、树状图等。

位于著名的大连星海广场中轴线上的百年城雕，坐北朝南面向大海，南北长100m，东西宽50m，采用对称式布局，形同打开的一本大书平铺在星海湾岸边。1000名在大连百年风雨历程中为这座城市的发展做出贡献的各行各业杰出人士的铜制脚模大道（图5-73），自北向南延伸至城雕主体，又连接到由两个孩童组成的青铜雕塑前，宛若从过去的岁月中挽月走来。孩童面向大海手指远方，仰望皓月，寓意迎接明天的曙光，期待着城市更为美好的未来。该主题所蕴含的意义，涵盖了信息组织（“LATCH”模式）中的基本元素，它是以一种要素为主、其他元素为辅，展现了信息组织的重要性。这组地标性景观雕塑中的脚模大道上每一双脚印旁边是主人的姓名，象征着大连的百年历史是由勤劳智慧的大连市民创造的，脚模铜道自北向南伸向大海，排在第一行的是1899年大连建市那年出生的，排在最后一行的是1999年出生的。它并没有用常见的纪念碑式姓名排列手法，也没有按照阶层和荣誉高低顺序排列，而是选择了按照时间顺序进行层级划分，按照行业完成分类，按照地理位置完成城雕规划。

图5-73　信息组织“LATCH”模式

5.8.4　宜家家居延迟快乐迷宫式空间组织

研究显示，瑞典宜家家居创造了一个所有类似商店都难以达到的惊人业绩，高达60%以上的成交产品原本并不在消费者的采购计划之中。这其中宜家独特的延迟快乐迷宫式空间组织路线设计是让顾客买下计划外商品的重要原因。

消费者走进宜家，就像闯入了一个复杂的迷宫式空间，原本只打算买个花盆，却需要经过家具、布艺用品、橱柜等区域，绕了很多弯才能到达，但这一切却并不会让消费者感觉厌烦，反倒可能激发购买欲望。原来宜家让消费者在不知不觉中将大量的时间消耗在创意独特的样板间上，这里展示给顾客的全都是宜家既别致又比较廉价的各种家居用品，以及新颖、有趣的家居环境设计。和其他的家居超市不一样的是，宜家的迷宫式空间组织让来到这里的消费者不自觉地随着人流往同一个方向前行。这种“不用动脑的简单跟随”让那些在其他家居超市自主性很强的消费者也慢慢地改变心理状态，轻松、随机地将宜家种类繁多的商品下意识地保存在脑海里，并诱发出冲动消费的动机。这就是宜家的迷宫式空间组织路线为消费者营造的“延迟快乐”效应。这种效应源于斯坦福大学的一项研究，结果显示延迟快乐给消费者带来愉悦的程度，超过即时快乐的很多倍。在宜家，消费者在“迷宫”中消耗的时间就是快乐被“延迟”的时间，所以最后付款成交时的愉悦感也是“计划购物”的很多倍。

其实，宜家的迷宫式空间组织并不会真的让人迷路，很多捷径都隐藏在看似不太起眼的地方，消费者只要按照完善的导向信息提示就可直接穿越捷径购物。别有用心的路径设计，背后依靠的是科学严谨的导向信息系统的支持，特别是组织信息的“LATCH”模式，通过位置、字母顺序、时间、分类、等级等要素形成的组织模式辅助以地面路径红线的引导，使消费者在“迷宫寻宝”般的消费过程中迷而不乱，沉浸于难忘的延迟快乐消费体验之中，其产生的60%以上的冲动消费业绩便是对这种体验营销方式最好的肯定（图5-74）。

图5-74　宜家家居延迟快乐迷宫式空间组织结构

5.9 导向信息设计的实施流程

导向信息设计作为一种问题解决方式，反映了对一个事物完整的分析和整合的过程，其中的调研、分析及实施过程与环境背景、信息分类、策略界定等环节有关。同时通过整合，可充分利用早期分析和调研的成果，推导出有针对性的解决方案或者介入路径，它是建立在对一系列相关问题理解的基础之上的。

5.9.1 建立横向与纵向设计系统

横向设计系统和纵向设计系统是导向信息设计重要的分析和整合过程，是以系统思维来审视与导向信息设计相关领域的现象和问题；是将导向信息设计项目的数据文本、组织程序、技术分析、分类测试、评价方式等环节，通过合理的统筹并建立框架，形成有效的解决方案或介入途径，创建特定的设计策略。概括而言，横向系统设计强调关联与转换，纵向系统设计则更加注重过程与变化。

1. 横向设计系统

横向设计系统强调设计因素的关联性。城市空间导向信息设计是跨多种专业领域，综合性、系统性很强的设计活动，它不仅是信息技术与艺术设计的结合，还跨越城市文化、城市规划、认知科学、媒介传播、环境行为、人体工程、材料工程等相关专业领域，在设计的过程中始终存在着相互影响与作用的因素，从视觉要素方面就包含了载体形式、版式编排、光源、色彩应用、材质及环境空间、人机交互、图形系统等内容要予以关注。对于导向信息某个具体设计项目而言，横向系统要关注的系统因素一般要牵涉到道路交通系统、环境空间系统、建筑结构系统、照明系统、导向信息载体系统、材料工艺系统、图形符号系统、通用设计与其他辅助系统等环节（图5-75）。

专业系统	相关因素
道路交通系统	①城市道路交通的整体特征 ②城市道路环境的整体特征 ③内外环境空间的路径连通性
环境空间系统	①建筑外环境的相关要素 ②建筑内空间环境的相关要素 ③建筑外立面结构与导向信息载体的关系 ④建筑内空间结构与导向信息载体的关系
建筑结构系统	①建筑内空间墙面及顶棚导向信息载体的设置 ②顶棚与导向信息视线的关系 ③建筑内空间导向信息载体的人体工程学 ④导向信息载体与安装结构分析

图5-75 横向系统关注的系统因素

专业系统	相关因素
照明系统	①环境空间中的光环境系统 ②光源布局与照明方式的关系
导向信息载体系统	①公共环境空间中导向信息载体的造型与布点 ②建筑内空间中导向信息载体的造型与布点 ③城市道路环境中导向信息载体的造型与布点
材料工艺系统	①导向信息载体材质的选型 ②导向信息载体的技术支持与工艺与流程
图形符号系统	①图形符号系统的开发 ②色彩系统的应用 ③文本编辑 ④版式编排
通用设计与其他辅助系统	无障碍设施与音效、其他辅助设置方式

图5-75　横向系统关注的系统因素（续）

2. 纵向设计系统

纵向设计系统的目的很明确，是对导向信息设计实践过程中所涉及立项计划、组织流程、工作方式、方案分析、方案实施、成果评价等环节的综合掌控。

整个设计的实施路径是一个循序渐进和自然而然的孵化过程，即从概念到策略实施的整体思考过程，它一般由以下几个主要环节构成（图5-76）：

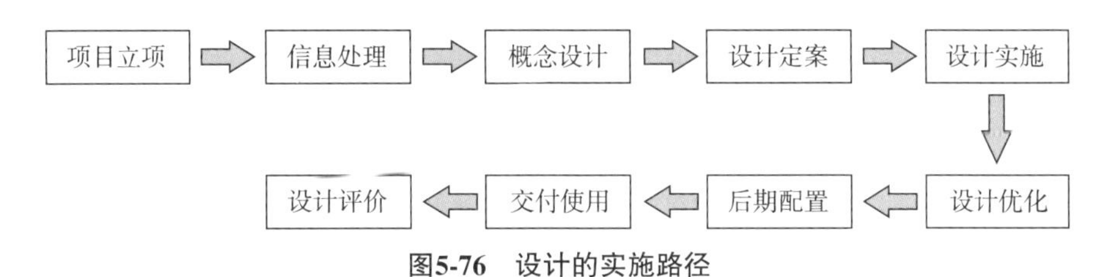

图5-76　设计的实施路径

（1）项目立项　导向信息系统设计的开展首先要具备的条件是完成项目立项，而设计项目必须是甲方委托或进行招投标的结果。在确立合作关系的基础上，首先要做的就是进行项目立项，研究设计任务书，明确项目的相关内容、条件、标准和时间要求等重要问题。这个环节是进行导向信息设计的前提。

（2）信息处理　此环节要完成导向信息设计的基础工作，对相关资料的搜集、掌握与归类整理、完整规范的调研、分析，还有之后的调整与补充，通过反复论证让思路在初始的模糊和无从下手的状态当中逐渐清晰起来。在项目开始阶段，对基础信息资源的掌握是十分需要的，当把这些问题梳理明确，设计思路就会形成一个清晰的方向和准则。

（3）概念设计　在完成对不同类型的原始信息资源的处理之后，开始进入概念设计阶段。通过一系列系统、有序、合目标的基础构思，由浅入深、由模糊到清晰、由抽象到具体，最终提炼出明确、精准的主题，完成概念设计，让策略思考更聚焦于主线上。因此确立什么样的概念，对整体设计的成败有着极大的影响。

（4）设计定案　设计方案的确定是建立在准确的概念、创意与策略形成的基础上，但在设计方案最终确定前会有多种可能性出现。从社会的角度来看，方案确立的过程不仅是单纯的技术与美学实践的过程，社会环境的政治、经济指标、人际关系以及技术环境的构造、材料和功能关系，都会对方案的确定产生重大影响。所以说系统的导向信息设计项目的最终实施是各种因素高度统一的结果。

（5）设计实施　设计实施是导向信息设计中非常重要的环节，要让策略更容易切入到可操作的层面，这个阶段的工作成果会直接影响设计的结果。因为一个项目能否最终成功有赖于在这一阶段的实现程度。只有经过这一阶段的实践检验，处理好导向信息系统与内部、外部环境的关系，才能在限制性的条件内创造出比较理想的结果。

（6）设计优化　任何设计项目无论前面的工作做得有多具体，到具体的实施过程中都会出现或多或少的问题，应予以足够的重视并储备相应的预案。另外随着项目的不断推进，可能会涌现更出色的创意，出于创造更为优秀作品的目的，在不太超出预算的前提下做适当的设计变更是可以理解的，也是应该的。这个过程可理解为设计优化，它作为原设计的修正、补充和提升，是一个系统设计的必要环节。

（7）后期配置　设计项目实施后期，在经过设计优化等环节的补充修改后，仍需从系统设计的角度来完善项目，尤其是一些设计增值服务性质的配套技术支持、管理咨询、运营服务等。

（8）交付使用　最终完成的导向信息设计成果包括当所有设计项目方案完成并交接到委托方后，在实际应用过程中针对委托方对设计方案提出的合理意见和要求，提供相应的修改和调整以及未来的维护和管理服务。

（9）设计评价　在设计项目完成后继续进行跟踪检查以核实设计方案取得的实际效果，是为以后更好地进行其他设计的前提基础。这种对用户满意度和用户环境适合度的测定，创造了根据实际需要做出调整或修改的机会，由此可对项目做出改进并为今后的项目设计积累更丰富的经验。

（10）项目管理　管理是城市公共标识系统成功发挥作用的关键。国外的公共导向信息系统大多是以政府所建立的不同公共空间（如公园、宾馆、医院、商场等）的规范法规来进行宏观规划控制，再由具有专业资质的设计机构完成设计、施工、管理维护，设计成果必须经审批并公示通过后才允许实施。国内的管理方式总体上和国外类似，区别在于我国建立的公共标识系统规范法规太过粗放，要求比较低，目前仅对安全标志、消防标志、道路交通标志提出了强制标准，而对公共卫生间、停车场、电话亭以及其他公共导向信息的图形、颜色等基本采取推荐标准。

在导向信息项目设计过程中，横向系统与纵向系统不是绝对分割的，而是紧密结合在一起的，呈现着犬牙交错的关系。当我们进行理论研究和设计实践时，应采取系统工程的方法和策略，以纵向系统为脉络、让横向系统贯穿其中来完成系统分析。

5.9.2　思考工具——四项设计方法

建立公认的、可重复使用、验证、开放的导向信息设计原则，可借鉴国际著名的家用电器制造和工业设计机构德国博朗（Braun）公司的“四项设计方法”：

1. 突出特征

运用多种手段将导向信息特征予以准确地表现，并将这些信息特征置于信息载体的重要区域并加以烘托强化，让人们在接触信息时能够快速地感受到信息意义，对其产生关注并理解信息意义。

2. 对比衬托

对比是导向信息设计中将信息的属性和特征通过对比方式来呈现，借助环境特征彰显信息，利用对比所形成的差别，完成视觉表现。可以利用色彩、形态的对比等手段来建立视觉诱导，强化信息意义。

3. 合理夸张

借助联想对信息进行恰当的夸张，以加强对信息特征的理解。夸张是在平和中求变化，赋予信息以引人注目的视觉感受。这种手段能更生动地传递信息的本质特征，强化信息的视觉表现力。

4. 以小见大

对原始信息进行整合，将局部集中强调，提炼关键信息，以点观面、以小见大，以小胜大，是由信息的核心特征所形成的视觉焦点，更加鲜明地表达信息主题并建立深刻的记忆。

5.9.3　思考工具——七个实施步骤

导向信息设计相关理论的学习固然重要，但设计的宏观思维和战略视野更要具备，它能促进系统性解决问题的能力。麦肯锡是世界知名的战略咨询公司，其著名的基础技能训练方法——“七步成诗法”是一套完整、系统、普适的问题解决方案，其核心在于能够让我们触类旁通，利用逻辑思维完成设计项目的系统策略分析，当面对问题、处理问题时要首先分析出问题的实质，然后再通过措施逐个击破，最终拿出系统解决方案。

第一步：问题描述

1）明确要解决的基本问题。

2）具体的、有内容的描述问题。

3）清楚列出问题涉及的各方面信息。

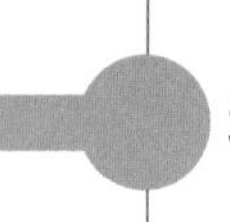

第二步：问题分解

1）为何要进行分解。

①分解是提出假设的基础：提出假设→搜集资料→分析论证假设→完成咨询报告。

②理清思路：分解区分→设置优先顺序。

2）问题分解的原则。

①内容是不是全面充分。

②分解后的要素是不是相互独立。

3）问题分解的方法。

①不断提出假设，不断进行修正。

②探寻产生问题的深层次原因，追根溯源，多问几个为什么。

③使用“树状图”分解描述问题。

鱼骨图：原因分析→从问题开始逐步分解→使用推理假设逻辑“树状图”解决问题→“树状图”的结束点即是原因。

问题图：假设判断→提出假设→寻找论据→证明或否决。

逻辑图：判断相关原因→提出可用“是”或“否”回答的问题→按逻辑排序，找出相关事实→形成各种选择。

4）对问题的各种因素取舍分析。

①用20/80法则发现关键驱动因素。

②不断进行头脑风暴法。

第三步：问题规划

1）规划中应清楚列示的环节。

①问题的描述。

②问题的假设。

③问题的分析。

④分析问题所要的资料来源。

⑤对问题各部分的分工和计划。

⑥最终提交的报告。

2）制定相应的行动计划。

第四步：信息整理

1）资料的编辑检验。

①检查资料完整性——分析来源，交叉核对。

②核实记录的、描述的清晰性。

③排除或改正错误。

④确认符合资料收集的统一格式。

2）资料整理分类。

①按时间分类：表明趋势变化速度、随机和周期性波动。

②按部门分类：检查各部门存在问题以及各部门间的联系。

③按责任分类：判断具体问题的责任承担者。

④按结构/过程分类：确定局部变化如何影响整体，对具全局影响力的个别单元采取行动。

⑤按影响因素分类：考察影响问题各因素间的关系。

第五步：分析论证

1）分析论证的原则。

①以假设为前提，事实为依据，结构化论证。

②尽可能简化分析。

③要充分利用团队力量。

④对困难要有心理准备。

⑤不要害怕创新。

2）分析论证的方法。

①因果分析：不要把问题的结果当成原因→寻找主要原因 →一果多因与一因多果。

②比例分析：分析因素间存在定性关系→此关系可用比例度量→必须与标准或已知情况比较。

③标杆比较：确定进行标杆比较的问题→寻找最匹配的竞争对手→收集标杆数据→比较分析自身与标杆企业的差距→制定缩小差距的方案。

④趋势分析：关注发展趋势→未来不是过去趋势的延伸→德尔菲法。

⑤模型分析：体现咨询公司实力和特色→以大量知识和项目经验为基础→专有的、差别化的分析方法。

第六步：策略制定

1）总结问题分析的结果。

2）根据结果建立论点。按照结构化方式组织论点。

3）推出解决方案的建议。针对问题的关键因素制订设计方案。

第七步：方案表达（图5-77）

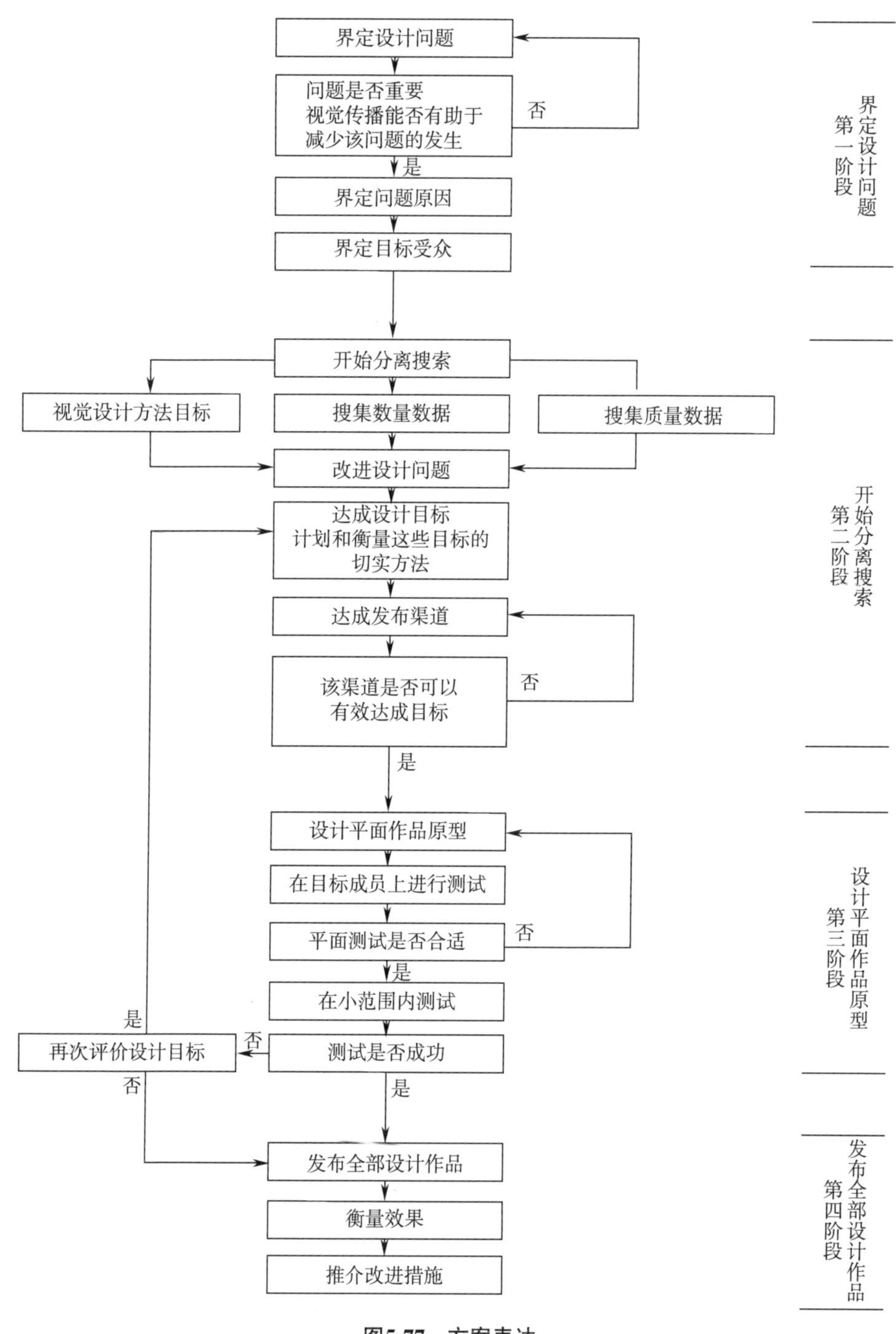

图5-77　方案表达

5.9.4　设计团队的标准

导向信息设计的过程需要与具备不同专业知识技能团队的通力配合，这些知识技能不可能同时体现在某个人或团队身上，必须与其他相关的专业人员组成项目组，来协同完成设计目标。一个合格的设计团队应具备以下基本能力：

1）项目研究能力：具备本专业领域相关的理论、技术知识的应用转化能力。善于应用各种研究策略和方法，科学分析、统筹研究过程，包括目标任务的定性和定量研究。

2）视觉表现能力：熟练掌握文本编辑、图形处理、版式编排以及其他信息组织方式，通过重组、加工原始信息来传递信息的意义，以强化信息传达效能。

3）用户沟通能力：掌握一定的用户沟通交流技巧，能够与用户一起共同完成导向信息的规划设计，可根据不同的项目和用户需要制定不同的问题解决策略。

4）角色适应能力：适应设计项目所涉猎的全流程工作方式和角色互换，具备跨专业跨领域的组织、协调与宏观决策能力，能够与不同专业很好配合完成任务。

5）媒介驾驭能力：能够对设计项目实施过程中涉及的包括印刷制版、软件与媒体应用、材料加工、工艺制造、质量监控等相关专业技术具备完善的驾驭能力。

第6章

信息设计案例分析

6.1 德国科隆波恩机场导向信息设计

法国设计家吕迪·鲍尔（Ruedi Baur）为德国科隆——波恩机场完成的导向信息设计定位于极富活力、个性化的视觉表现，与那些严谨规范但略显刻板的国际主流导向信息设计表现相比较，庞大的信息图形系统呈现出热情奔放的语言，迎合了年轻一代的审美趣味，它以一整套创意鲜明的图形符号体系让人过目不忘。在这样的信息环境渲染下，历经漫长行程和即将奔赴异地的旅客很快融入了这个信息清晰、充满童趣的交通环境空间，以愉快的心情踏上各自的旅途，这个设计成果也完全被城市的市民和旅途中的客人所接受认同。

从中我们可以感受到，好的导向信息设计不只是解决单纯的出行寻路的问题，它应该能够通过创新性的设计观念，巧妙的设计手段，反映地域的特殊性，并给环境空间注入鲜明的场所精神和识别特征，给旅客更多的审美体验，这种体验所带来的情感共鸣是持续连绵的，会进一步强化对环境空间的良好印象，这一原则是我们工作中应始终遵循的（图6-1）。

图6-1　德国科隆波恩机场导向信息设计

6.2 法国蓬皮杜梅茨艺术中心导向信息设计

为纪念2010年蓬皮杜梅茨中心的建成，法国著名古城梅茨市委托法国设计大师吕迪·鲍尔（Ruedi Baur）完成该中心标识和导向信息系统，因其创新性的设计理念而备受关注。蓬皮杜梅茨艺术中心的导向信息设计既要考虑到将博物馆与梅茨市中心区域连接后建筑空间的方位信息的传达方式问题，还肩负着要在新馆与旧街区之间创造一种和谐的城市新活力的使命，并将此作为整个城市的导向信息系统。

在对综合因素进行分析后显示，人们不喜欢像批量生产一样的导向信息，因为在城市里那些常态化的导向信息已经能满足日常出行寻路的需求。新的导向信息需要通过“视觉的融合”方式来避免类似梅茨市这样的蕴含丰富历史信息的城市空间受到干扰。吕迪·鲍尔采取“空间上书写信息”的理念，将导向信息的版式编排采用横向网格骨格编排，字母之间相互连接又相互支撑，每一组信息图形都是直接从铝板上激光切割，呈现出精湛的工艺美，以柔和丰富的色彩呈现，通透的字体轻盈地漂浮于金属框架之间，可整体也可独立展示，既传递了信息，又突显了建筑物的本来面貌，虚实结合，既避免了遮挡老街区原有的建筑形态，又很好地呈现了梅茨市的历史面貌（图6-2）。

图6-2　法国蓬皮杜梅茨艺术中心导向信息设计

6.3 北京奥运会场馆设施标识系统

北京奥运会场馆设施导向信息系统主要覆盖交通、残疾人服务、观众服务、方向指示、禁止性、紧急服务、饮食服务、废品分类、非比赛场馆设施等方面（图6-3）。

1）在北京奥运会场馆设施导向信息系统建设中，信息标识系统的文字、图形、颜色应统一化、规范化、标准化。导向信息载体应设在显眼处，按北京奥运会场馆设施的布局规划、定量设置，对光线较暗的或无光的环境应采用发光材料制作，成为荧光导向牌。

2）在充分借鉴以往奥运会经验的基础上，尽量推行国际通用的图形标识，使用规范的中英文语言标志，使世界各国不同文化、语言背景的人活动方便；加强多语种标志设置，建立更为便捷完善的公共导向信息系统。

3）设置的公共导向信息图形，必须规范、准确、醒目，并符合国家、行业强制性标准及公共信息用图形符号系列标准规定的要求和地方法规的要求。

4）以奥运促北京发展，通过奥运会场馆设施标志系统的统一和规范促进北京市公共信息服务的改善，建设与国际大都市形象协调的公共服务信息系统。

6.3.1 交通（Transport）

根据GB/ T 10001.1—2012《公共信息图形符号　第1部分：通用符号》，其范围中规定了通用的标志用公共信息图形符号，涉及交通的公共标识包括：出租车（Taxi）、租赁车（Car Rental）、公共汽车（Bus）、无轨电车（Trolleybus）、有轨电车（Streetcar）、飞机（Aircraft）、直升机（Helicopter）、轮船（Boat）、火车（Train）、地铁（Subway Station）、停车场（Parking）、自行车停放处（Parking for Bicycle）。

参照以往奥运会的经验，奥运会场馆设施中的交通公用标识还包括：轻轨（Light Rail）、自行车（Bicycle）、人行道（Walking Track）、往返班车（Shuttle Bus）。

6.3.2 残疾人服务（Accessible Services）

标志用公共信息图形符号涉及残疾人服务的公共标识包括残疾人设施（Facilities for Disabled Person）等。参照以往奥运会的经验，奥运会场馆设施中的公共标识还包括：通道帮助（Access Assistance）、无障碍通道（Disabled Access）、助听器（Hearing-impaired）、音量控制（Volume Control）、专线汽车（Accessible Bus）、残障人专线（Accessible only Bus）。

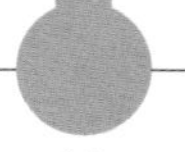

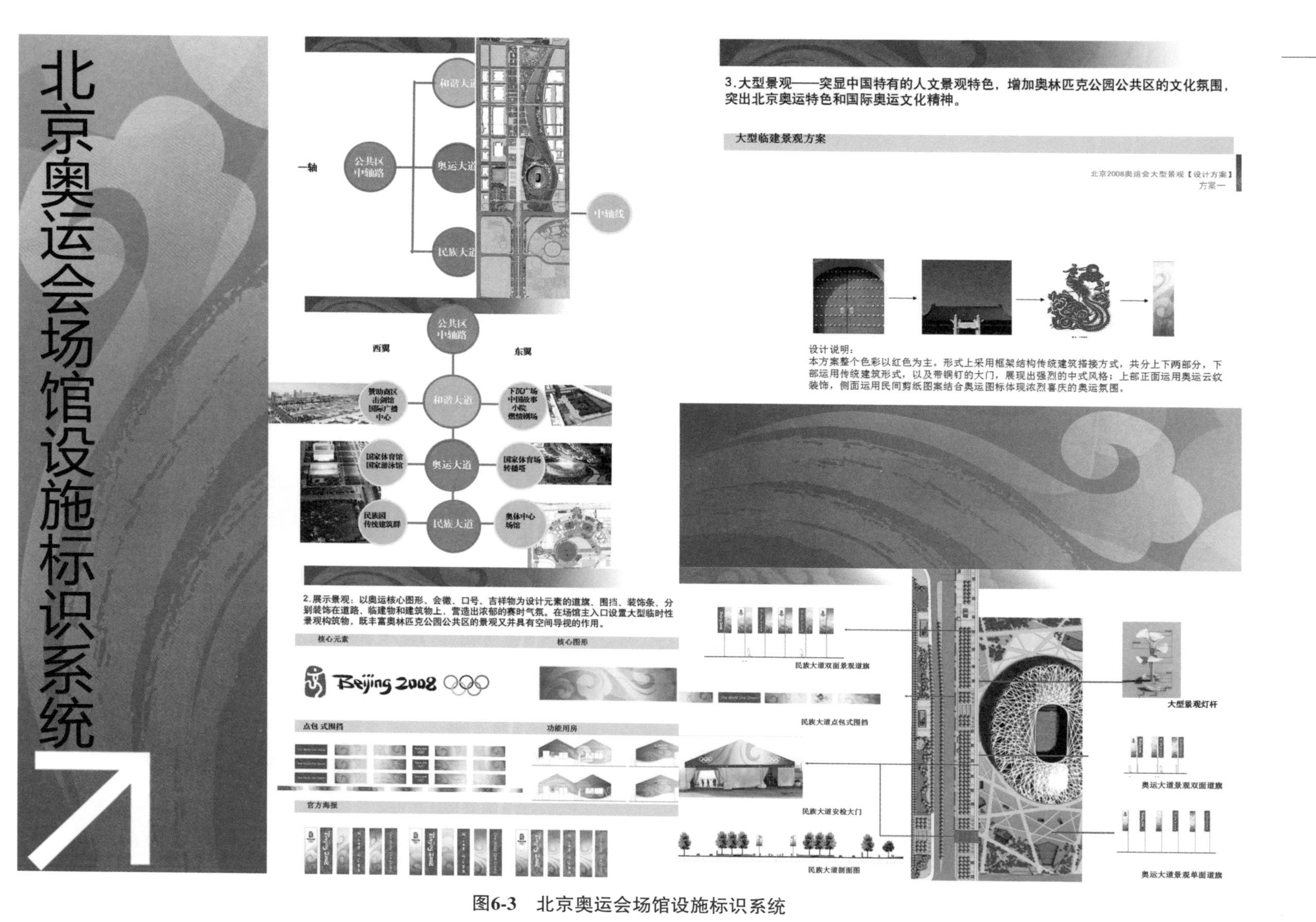

图6-3　北京奥运会场馆设施标识系统

6.3.3 观众服务（Spectator Services）

标志用公共信息图形符号涉及观众服务的公共标识包括：楼梯（Stairs）、上楼楼梯（Stairs up）、下楼楼梯（Stairs down）、自动扶梯（Escalator）、电（Elevator）、男性（Male）、女性（Female）、卫生间（Toilet）、男更衣（Men's Locker）、女更衣（Women's Locker）、饮水（Drinking Water）、电影（Cinema）、剧院（Theatre）、商店（Shopping Area）、医疗点（Clinic）、等候室（Waiting Room）、票务服务（Tickets）、货币兑换（Currency Exchange）、接待（Check-in）、问询（Information）、结账（Settle Accounts）、失物招领（Lost and Found）、走失儿童认领（Lost Children Claim）、行李寄存（Luggage Strage）、邮政（Postal Service）、邮箱（Mailbox）、电话（Telephone）、理发（Barber）、书报（Book and Newspaper）、贵宾（Very Important Person）。

同样，奥运会场馆设施中的公用标识还包括：信息栏（Information Bar）、自动提款机（ATM）、自行车道（Bicycle Rack）、会合地点（Meeting Point）、人行过道（Pedestrian Crossing）、裁判台（Inspections）、纪念章销售处（Pin Trading）、商业服务（Merchandise）。

6.3.4 方向指示（Directional Signage）

标志用公共信息图形符号涉及方向指示的公共标识包括：方向（Direction）、入口（Way in/Entrance）、出口（Way out/Exit）。

6.3.5 禁止性（Regulatory）

标志用公共信息图形符号涉及禁止性的公共标识包括：禁止吸烟（No Smoking）、禁止通过（No Pass）等。

参照以往奥运会的经验，奥运会场馆设施中使用的禁止性公共标识还包括：自行车勿入（No Bicycle）、禁止入内（No Entry）、严禁烟火（No Fires）、禁止使用闪光灯（No Flash Photography）、禁止吃食物（No Food）、禁止饮酒（No Glass）、婴儿车勿入（No Strollers）、禁止游泳（No Swimming）、小心路滑（Slippery）、禁止拍照（No Photography）、禁止停车（No Parking）、关闭手机（Turn off Mobiles）。

6.3.6 紧急服务（Emergency Services）

标志用公共信息图形符号涉及紧急服务的公共标识包括：紧急出口（Emergency Exit）、安全保卫（Guard；Police）、医疗点（Clinic）、紧急呼救电话（Emergency Call）、紧急呼救设施（Emergency Signal）、火情警报设施（Fire Alarm）、灭火器

（Fire Extinguisher）。

参照以往奥运会的经验，奥运会场馆设施中紧急服务的公共标识还包括：救护车（Ambulance）、消防站（Fire Station）。

6.3.7 饮食服务（Food Service）

在我国已经公布的国家标志用公共信息图形符号中，尚未涉及此类符号。而在奥运会场馆设施中，将不可避免地提供饮食服务，为此提出一些参考实例：酒吧（Bar）、啤酒店（Beer）、咖啡店（Coffee Shop）、冷饮店（Cold Drinks）、冰激凌（Ice Cream）、餐馆（Restaurant）、快餐店（Snacks）、酒店（Hotel）。

6.3.8 废品分类（Waste）

在我国已经公布的国家标志用公共信息图形符号中，尚未涉及此类符号。而以绿色奥运为理念之一的奥运会场馆设施中，将与国际环境保护惯例接轨，为此提出一些参考实例：食品和纸类（Food/Paper/Cardboard）、普通类（General）、塑料和玻璃类（Plastic/Glass/Aluminium）。

6.3.9 非比赛场馆设施（Non-competition Venues）

北京奥运会的非比赛场馆设施包括奥运村、记者村、主新闻中心、国际广播电视中心、奥林匹克文化活动举办地等。

1）奥运村。参考日本大阪、加拿大多伦多和澳大利亚悉尼奥运场馆标识牌的设计，在奥运村中应设置中英对照的各种建筑物及服务场所的指示牌，为各国运动员和相关人员提供便利的设施，体现以人为本的服务理念。其中包括：

国际区（International Zone）、运动员区（Athletes Village）、奥林匹克大家庭专用停车场（Olympic Family Parking）、观众餐饮（Spectator F&B）、超市（Superstore）、赞助商展台（Sponsor Show Casing）、特许中心（Accreditation Centre）、场地运营（Site Operations）、主运营中心（MOC）、观众入口广场（Spectator Entrance Plaza）、公交总站（Transport Terminal）、观众出入口广场（Spectator Entrance and Exit Plaza）、观众区（Spectator common）、后勤服务/ 运营（Logistics/ Operations）、工作人员区（Staff）、赞助商村（Sponsor Hospitality）、热身赛场（Athletics Warm up）、运营停车场（Operations Carpard）、媒体服务区（Broadcast Compound）、工作人员中心（Staff）、观众出口（Spectator exit）。

2）奥林匹克森林公园（Olympic Forest Park）。

奥林匹克森林公园景点的命名蕴涵我国几千年来的文化底蕴，具有浓厚的文学色彩，恰当地表现了景点的独特之处，也体现了我国文化特色。如：九江汇翠（Jiujiang

Confluence）、蜻蜓滩（Dragonfly Forest Wetland）、洼池秋香（Smell of Autumn Harvest Area）、暮雨轻航（Evening Rain Happy Trip Marina）等。

3）奥林匹克艺术中心（Olympic Arts Festival Venue）。

4）奥林匹克展示中心（Olympics Live Site）。

5）各项媒体服务设施：主新闻中心（main Press Centre）、国际广播中心（International Broadcast Centre）、新闻中心公交总站（Media Bus Terminal）、新闻酒店（Media Hotel）等。

6.4 北京八达岭新能源与环保产业园区公共导示系统设计

北京八达岭新能源与环保产业园区基地总占地面积约2.5km^2，包括产品研发中试区、产品和技术展示区、孵化大楼、检测测试场、公共服务大厅及综合服务配套区等设施，为新能源利用与环境保护现代节约型产业示范基地。在园区规划上突出长城、新能源和生态环保三大理念。园区导向信息系统设计定位于将新能源与环保理念视觉化，在产业园区的环境空间和同行业中建立鲜明的可识别性，在环境品质和公共艺术方面进行创新实践。

设计原则将注重环境性、视觉性、技术性、艺术性、整体性、规范性的特征。

视觉意象通过能源与自然与生活的转化过程来体现生机、欲望、和谐、自然的生态美学。

信息功能上遵照国际通用的导向信息系统的执行标准，在满足园区空间导向功能的基础上，植入符合园区视觉意象与产业特征的个性化视觉表现，并使之成为园区景观空间的有机组成部分（图6-4）。

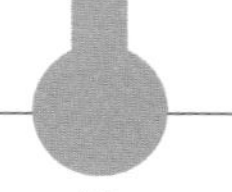

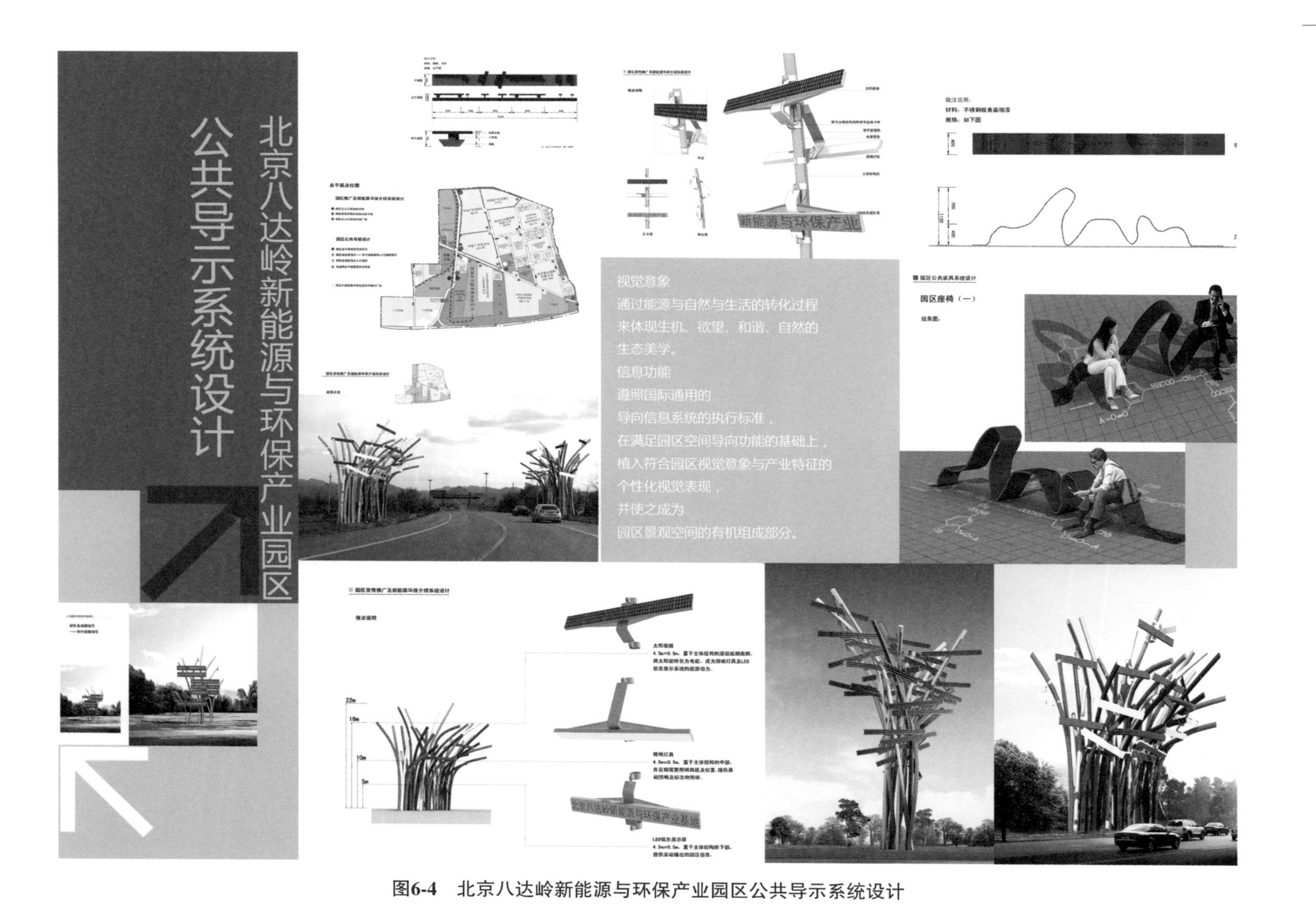

图6-4 北京八达岭新能源与环保产业园区公共导示系统设计

6.5　大明宫国家遗址公园导向信息系统设计

作为大明宫遗址公园环境主要构成部分的园区公共环境导向信息系统，是对唐代文化总体性的一次再认识的过程。导向信息系统与遗址公园环境各要素之间的对话关系非常重要，既要考虑历史真实性，更要重视历史与当代的衔接，不应是对历史的简单复制，而是通过再设计找回盛唐时代的公众记忆。文化性与信息性相结合最为彻底和准确的，应该是大明宫遗址公园整体环境本身即构成本环境信息传达系统，即导向信息系统与城市家具系统紧密依托环境并与其他环境元素自然地融为一体。本遗址环境的特殊性决定了导向信息的传达必然依托文化性介质，寓文化性内涵于信息传达之中，构成以文化为载体，信息为内容的传达方式。

从大明宫遗址整体环境出发，找寻当时的皇城与现在的遗址公园之间的关系，对其中每个功能线索下的历史遗迹和与当时的文化痕迹进行梳理，判断当时的社会形态、文化精神和审美取向，图形和文字表达要体现历史概念，找到“再设计”的线索和原型，形成一套非语言的交流加语言（文字）辅助的符号独立、语言独立的大明宫专属视觉系统，以此形成连绵的视觉体验，成为一个当代皇家遗址公园的国际语言，让设计系统中每一处细节都一一对位到与建筑物、景观、人之间的关系。在这里，文化和功能的转换是“再设计”的重点。

本遗址环境是对次序性有一定要求的场所，要求观众参观路线同工作人员出入路线互不交叉，各自有独立的集散路径，按照遗址在内容和主题上的关系和顺序逐层次地了解整体环境。

1. 秩序性

本导向信息系统的设置采用五级信息层级，从对自身环境与周围其他建筑环境关系的介绍，到自身环境的整体布局、活动区域的划分、内部的组织流程，到对细节上各功能空间的具体设施、陈列对象的介绍等，让观众在深入环境内部之前，先对整体环境有一个大概了解，根据自身情况做出选择参观的主次路径。导向信息集导向性和说明性于一体，合理、有序地设置信息载体，这也是对展示内容的秩序性的延续和强调。

2. 灵活性

一是指广泛的适应性。观众层次的复杂性必然要求本导向信息系统必须具有广泛的适应性，应使不同年龄、不同国籍、不同教育背景的观众都能一目了然，并感觉到赏心悦目，它不仅是方向性的指示，还代表着所指的内容，会让观众迅速了解场所的性质、功能、特点、类型等方面的信息。

二是指相对的机动性。由于遗址环境中有些区域会定期更换陈列品的数量和类型，因此相关信息都应随之做出相应的调整。这种调整一方面是指导向信息载体位置上的改变，另一方面是指信息内容根据实际情况采用不同的形式。

正确地处理好人、物和环境之间的关系，并围绕这三者展开一是围绕着人体工学的原则来确定人的空间尺度，以确定信息载体在特定空间中的设置；二是研究信息载体的方向、大小、明暗、视距、视角等是否符合人的最佳生理和心理要求。遵循可视性、环境统一性、形态统一性原则。

针对大明宫遗址环境的主要平面布局，综合环境空间、建筑、朝向、入口、通道、地面高差等因素，位置设计将充分考虑游人在平面和垂直方向上的最佳视线角度和人流方向，再根据视角、视距等确定信息载体的平面位置和空间位置，保证人们视线的可达性和穿透性，进而形成最佳的观赏效果（图6-5a ~ d）。

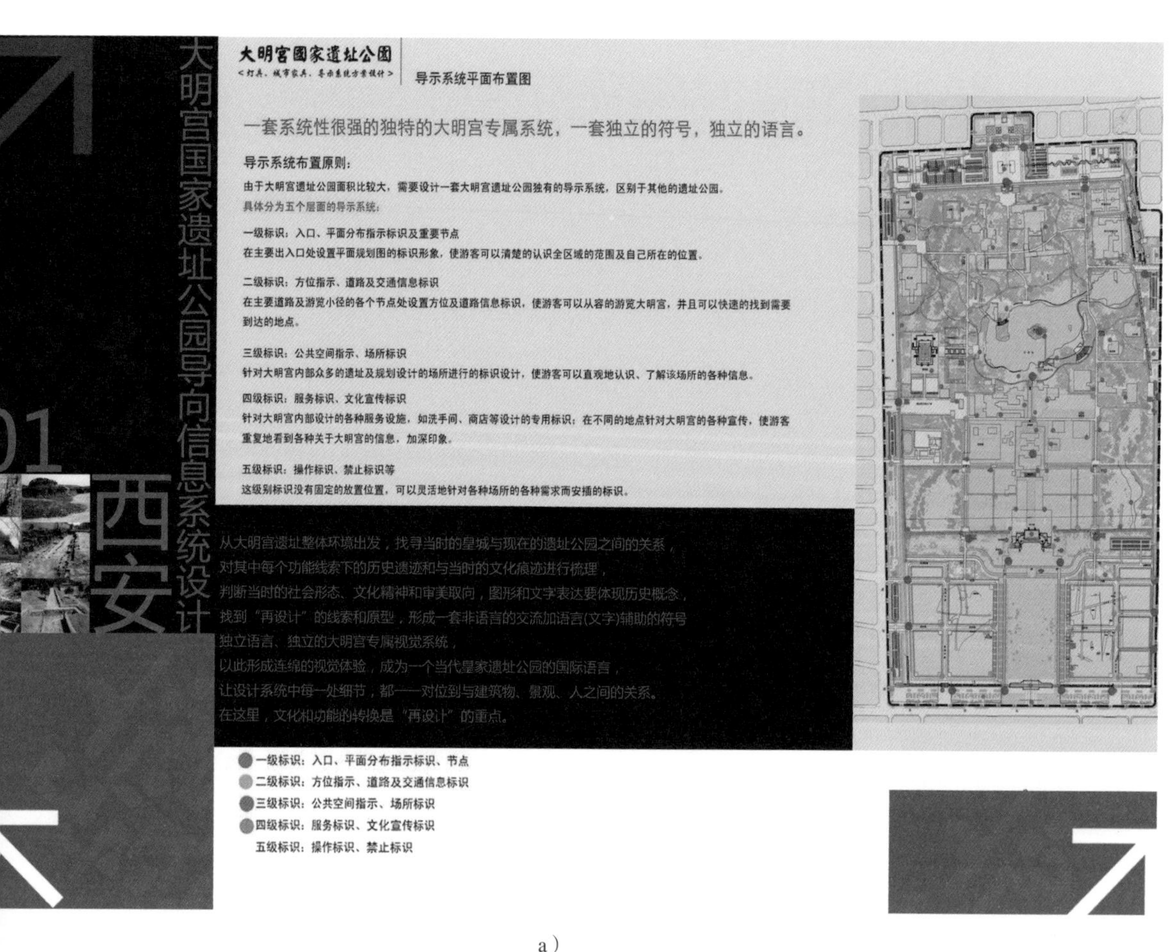

a）

图6-5　西安大明宫国家遗址公园导向信息系统设计

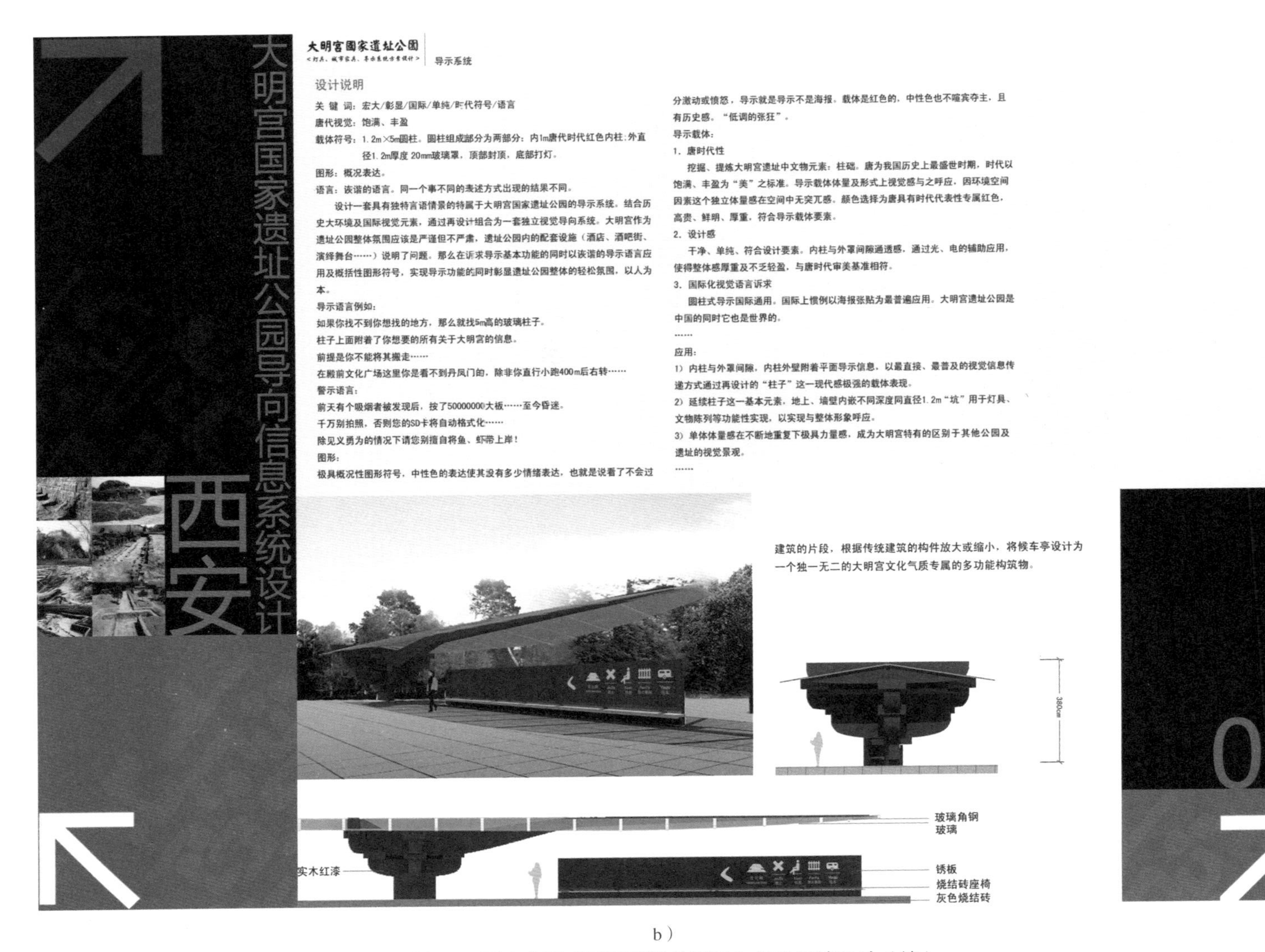

b）

图6-5　西安大明宫国家遗址公园导向信息系统设计（续）

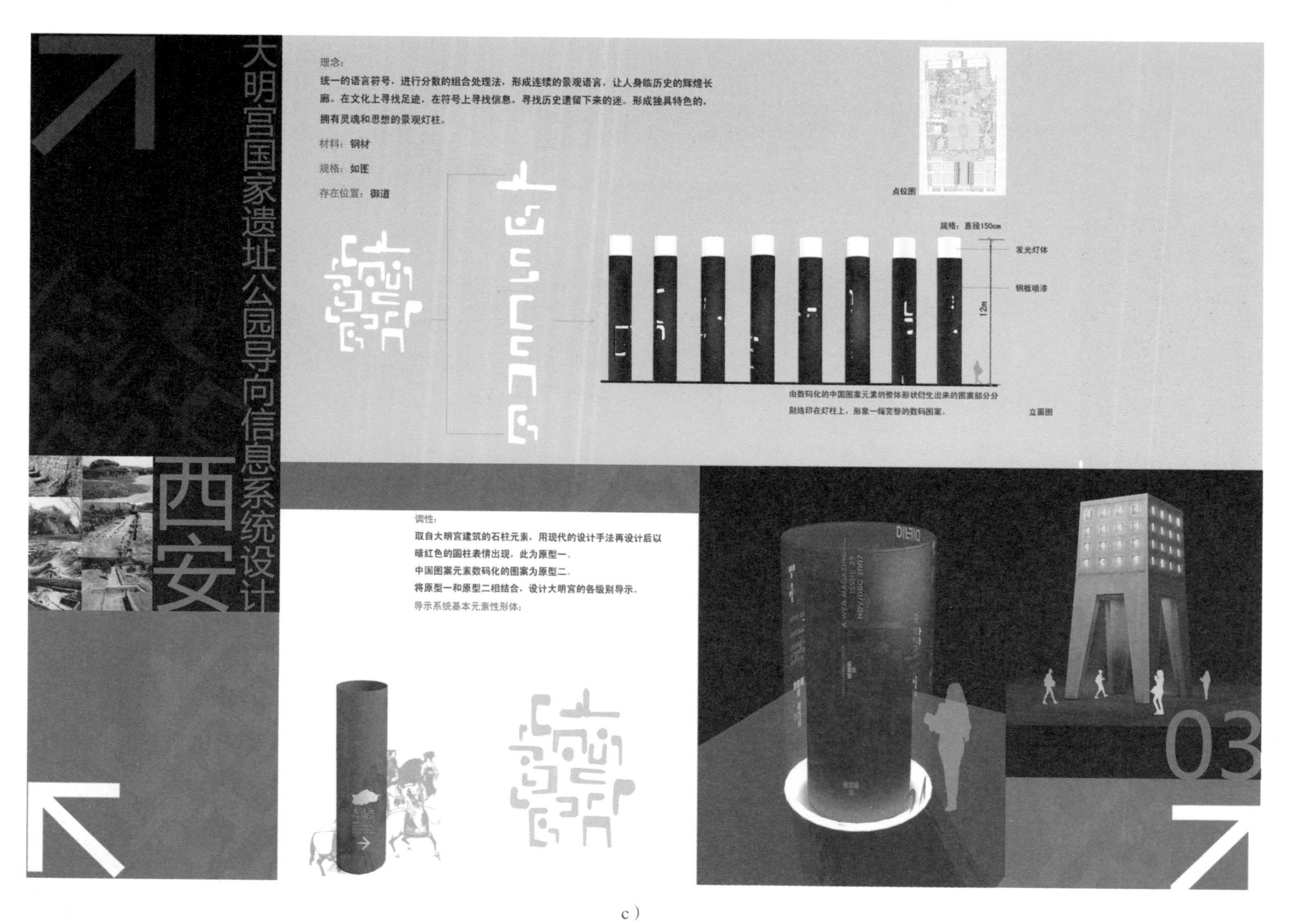

c）

图6-5　西安大明宫国家遗址公园导向信息系统设计（续）

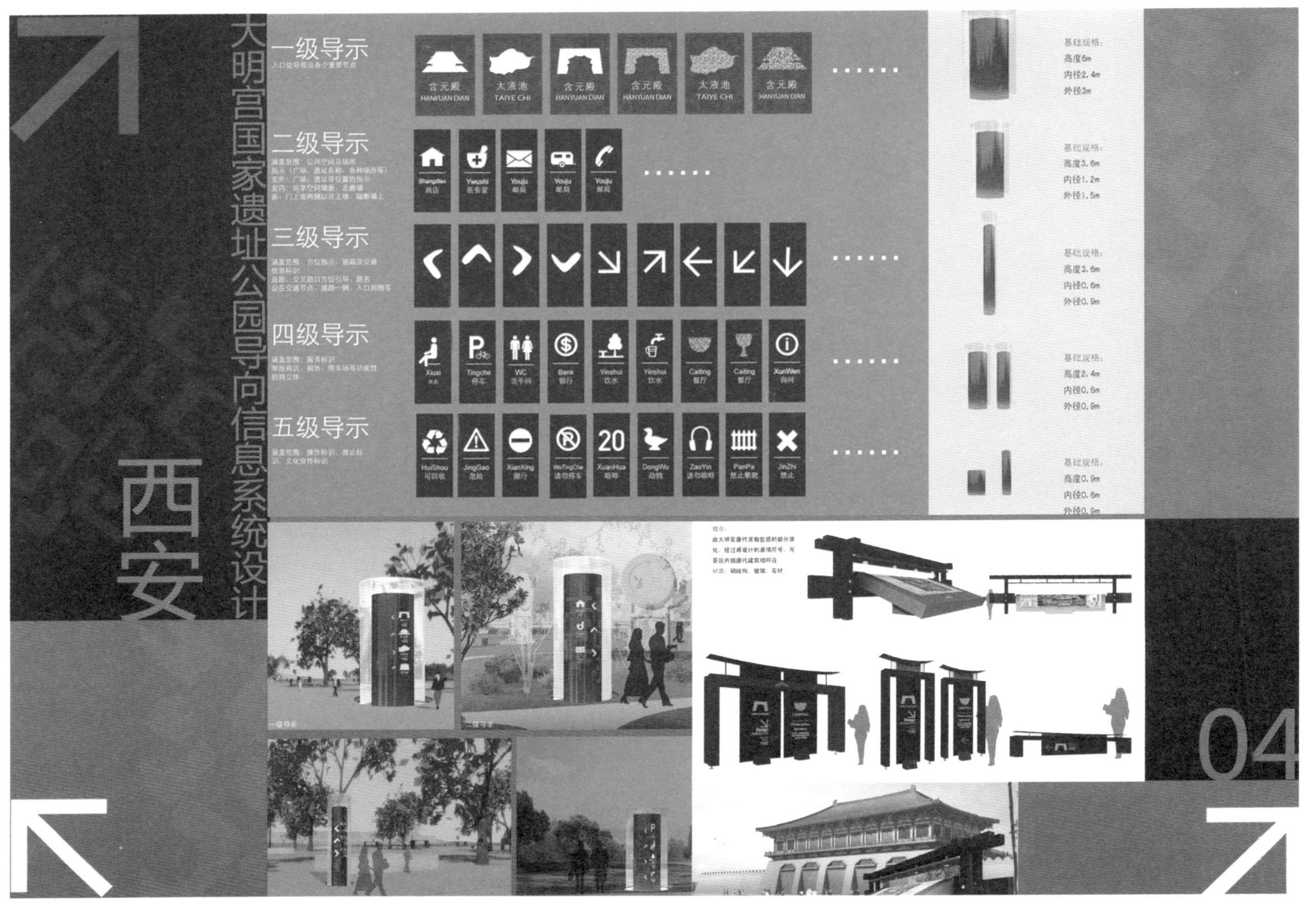

d）

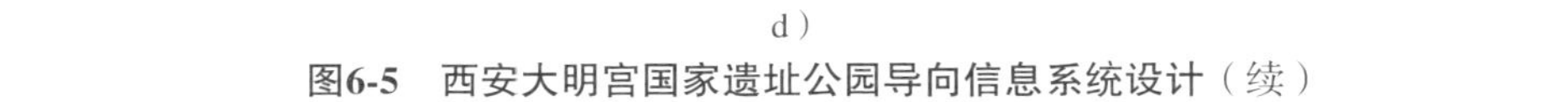

图6-5　西安大明宫国家遗址公园导向信息系统设计（续）

6.6 大连港十五库创意产业园公共导示系统设计

大连十五库创意产业园位于大连港区域内，是大连港老港区内现存的为数不多的历史工业建筑遗产。这座工业建筑大约建成于1929年，主体为4层钢筋混凝土结构，共有一百多根丁字形混凝土支撑柱，南北长196m，东西宽39m，总高18.45m，总建筑面积2.6万m^2，面向辽阔的港湾，是当时东亚地区建筑面积最大、机械化程度最高的港口仓库，被称为“东亚第一库”。大连十五库环境空间导向信息系统设计围绕文化、艺术、生活、创意的主题定位，将设计元素与工业特色、文化气质、艺术精神、时尚体验等各种当代城市生活形态相融合，构成了独特的视觉信息环境。这套导向信息系统在工业遗产空间中的介入助推大连独特的港口文化得以继续传承，老码头精神得以继续弘扬，城市历史文脉得以继续延续。这里展示的四组设计方案，是十五库导向信息系统设计竞赛的获奖作品。每一组作品的信息传达比较清晰，表现手法丰富，各自从不同的环境体验来诠释十五库的环境空间特征和品牌形象（图6-6a～n）。

a）

图6-6 大连港十五库创意产业园公共导示系统设计

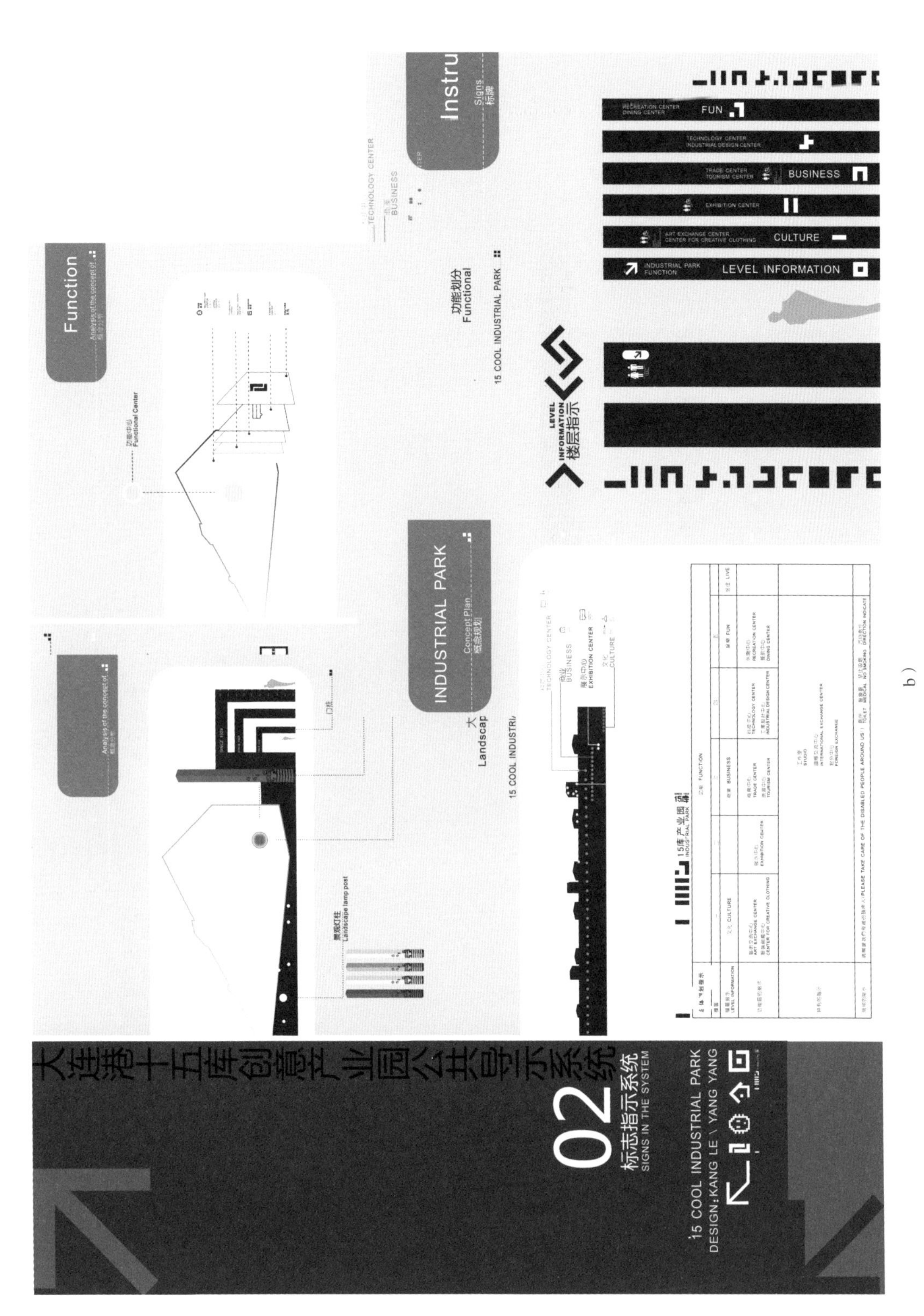

b）

图6-6 大连港十五库创意产业园公共导示系统设计（续）

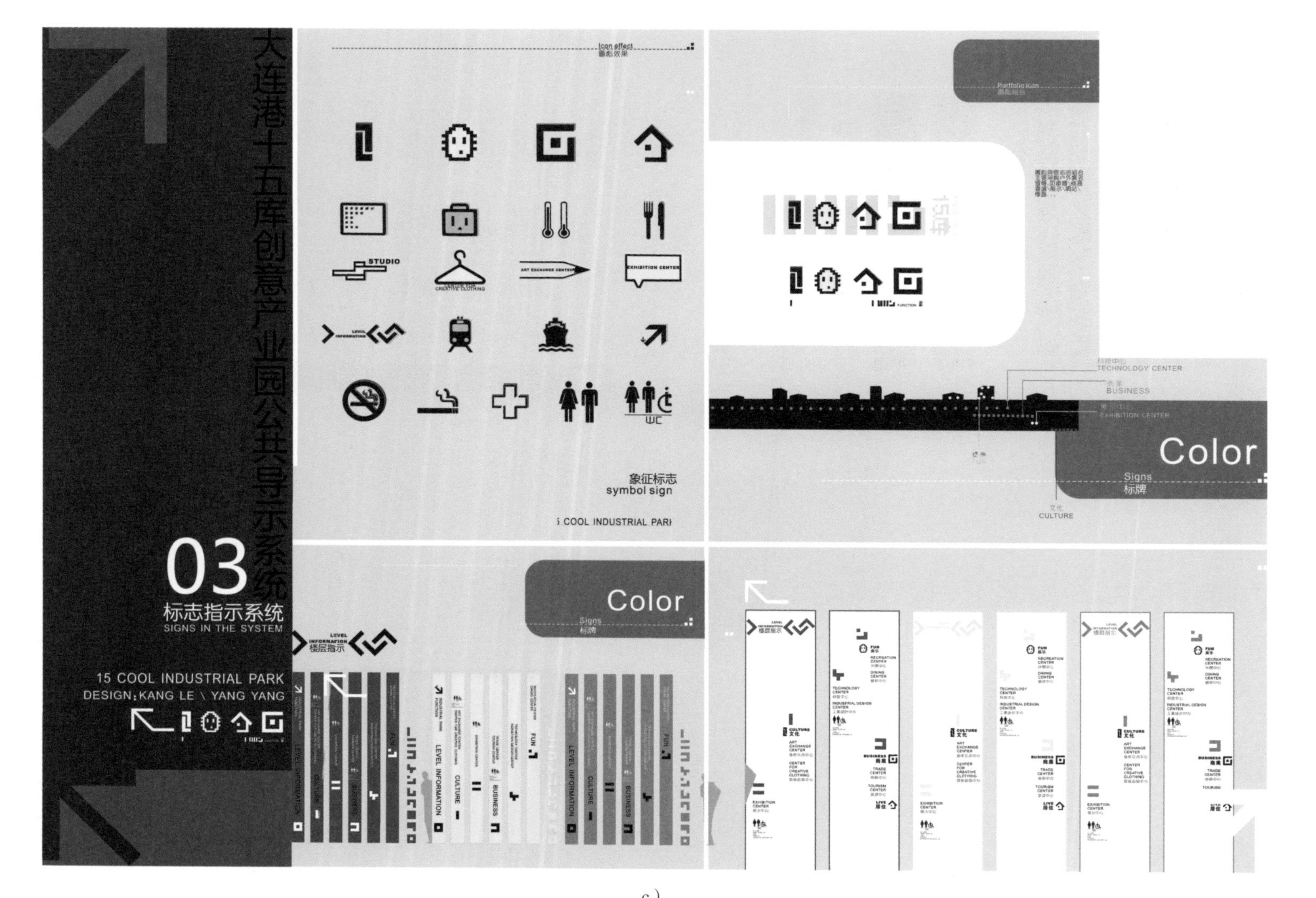

c）

图6-6　大连港十五库创意产业园公共导示系统设计（续）

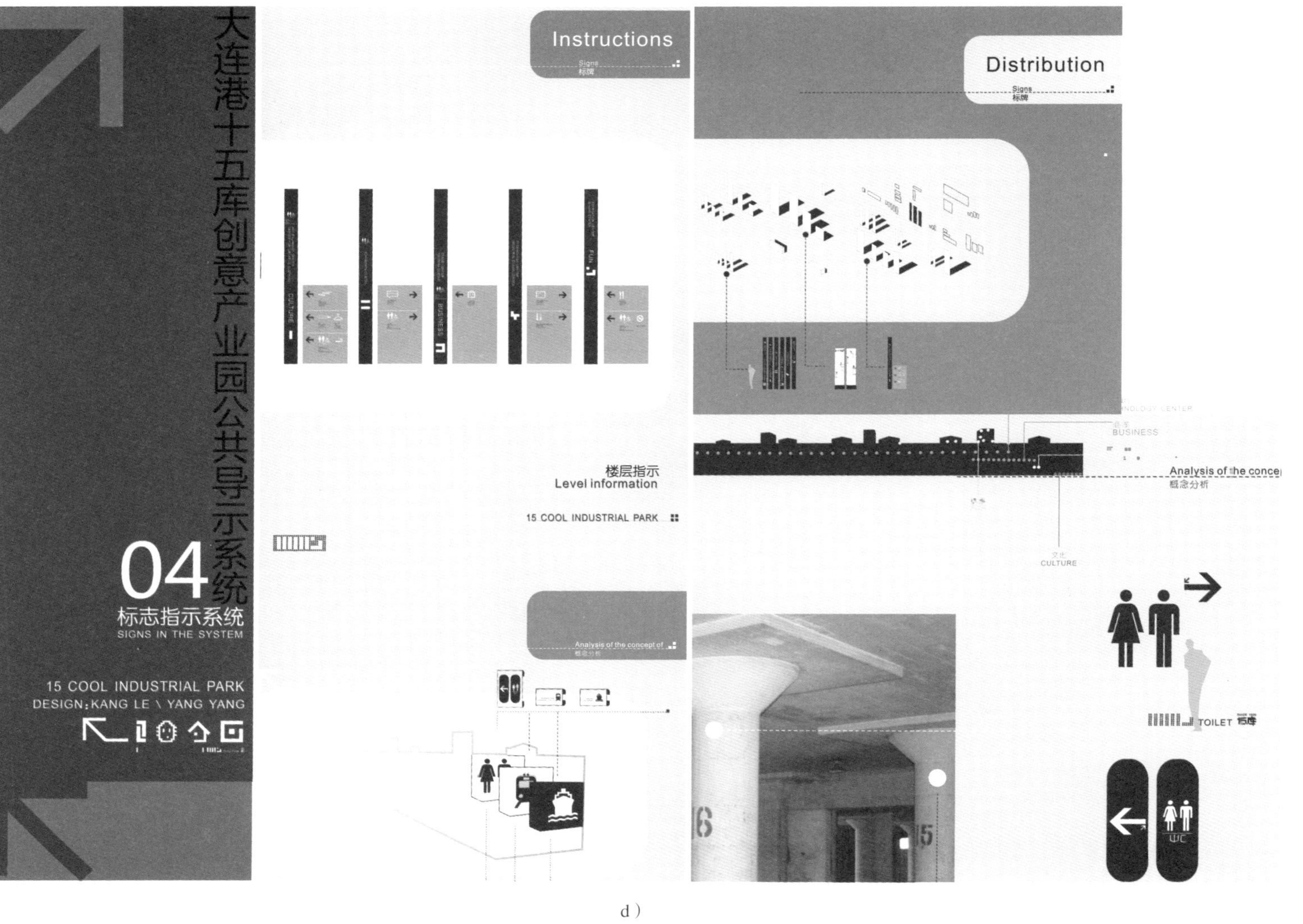

d）

图6-6　大连港十五库创意产业园公共导示系统设计（续）

e）

图6-6 大连港十五库创意产业园公共导示系统设计（续）

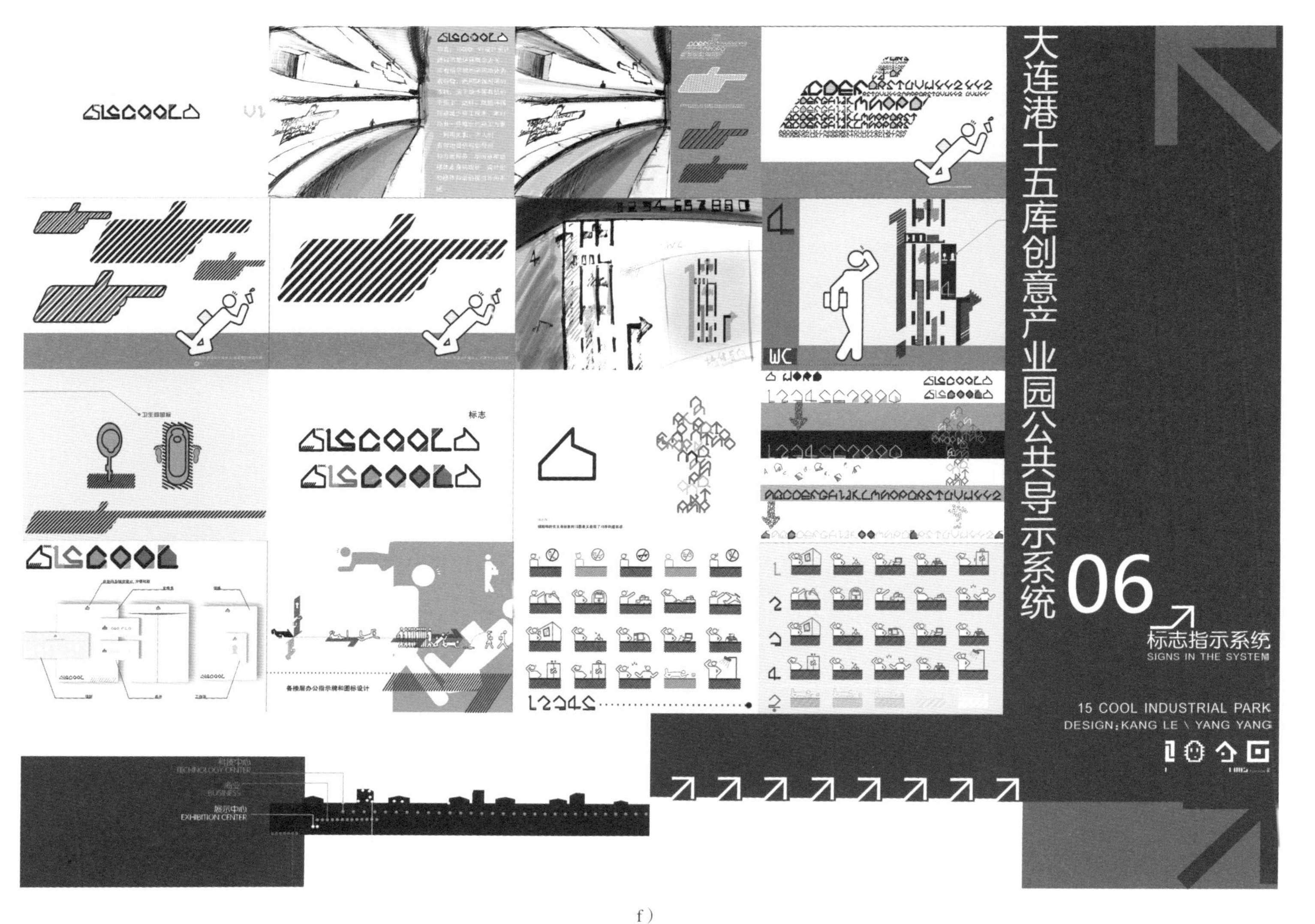

f）

图6-6　大连港十五库创意产业园公共导示系统设计（续）

g）

图6-6　大连港十五库创意产业园公共导示系统设计（续）

h）

图6-6　大连港十五库创意产业园公共导示系统设计（续）

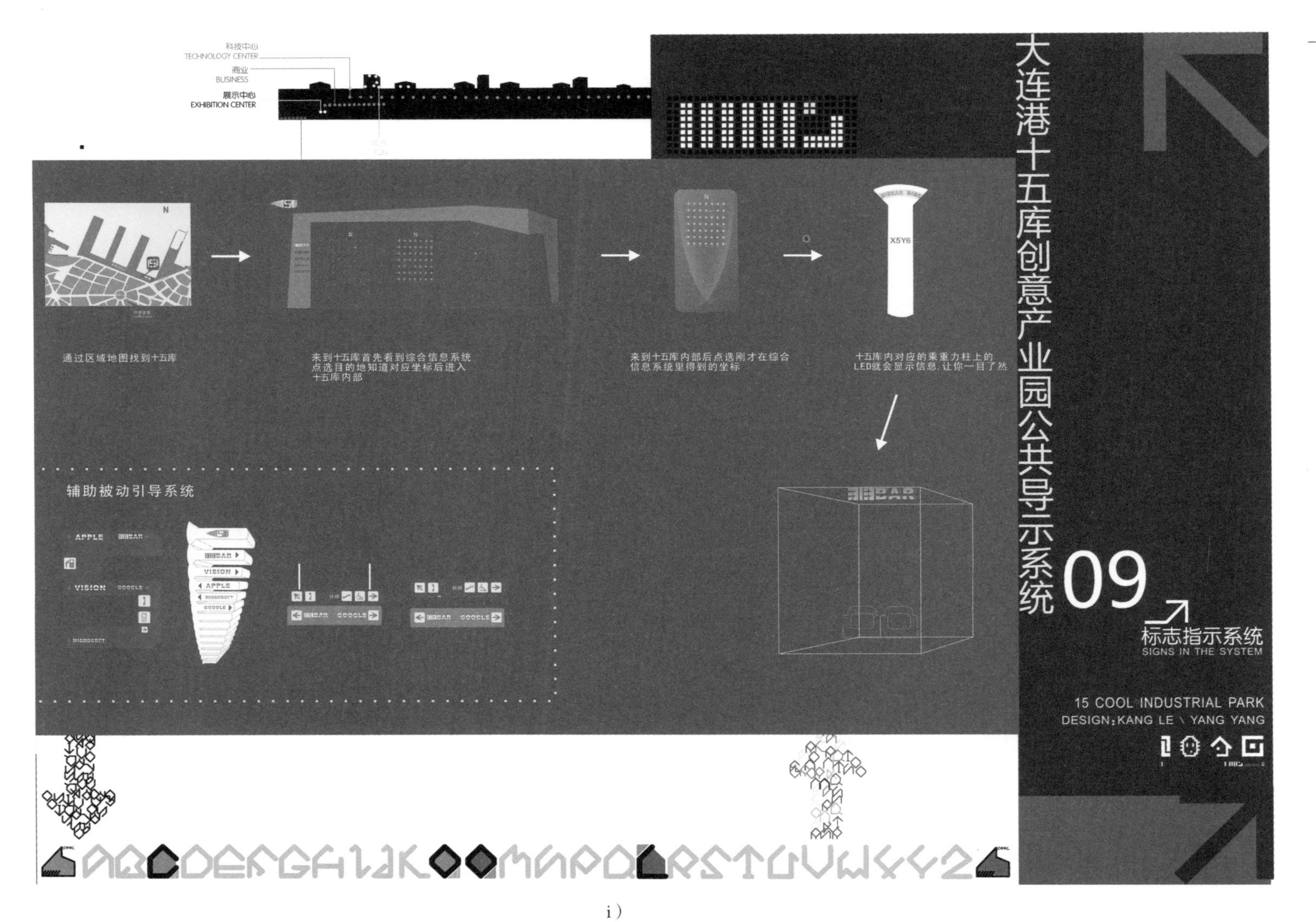

i）

图6-6　大连港十五库创意产业园公共导示系统设计（续）

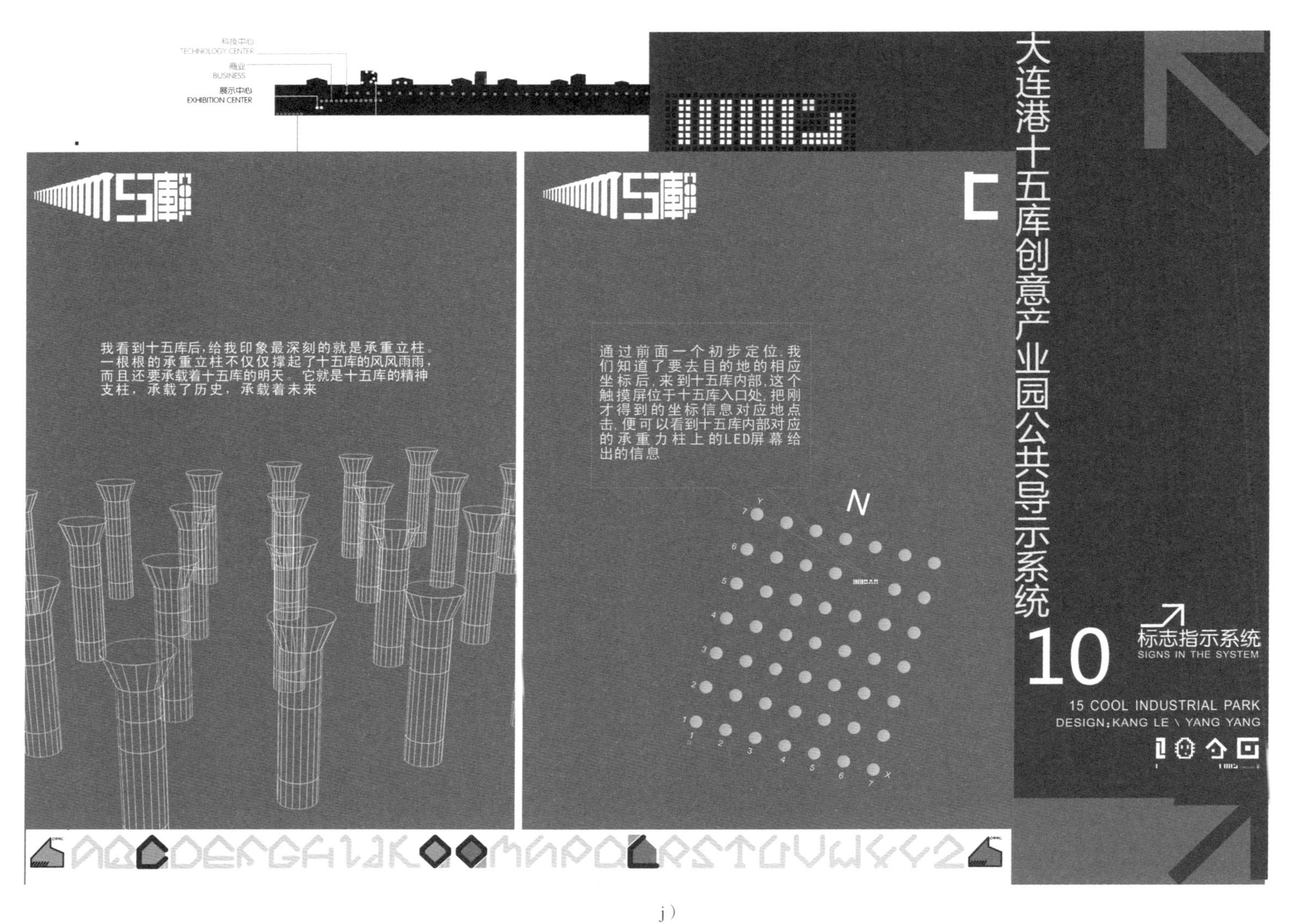

j）

图6-6　大连港十五库创意产业园公共导示系统设计（续）

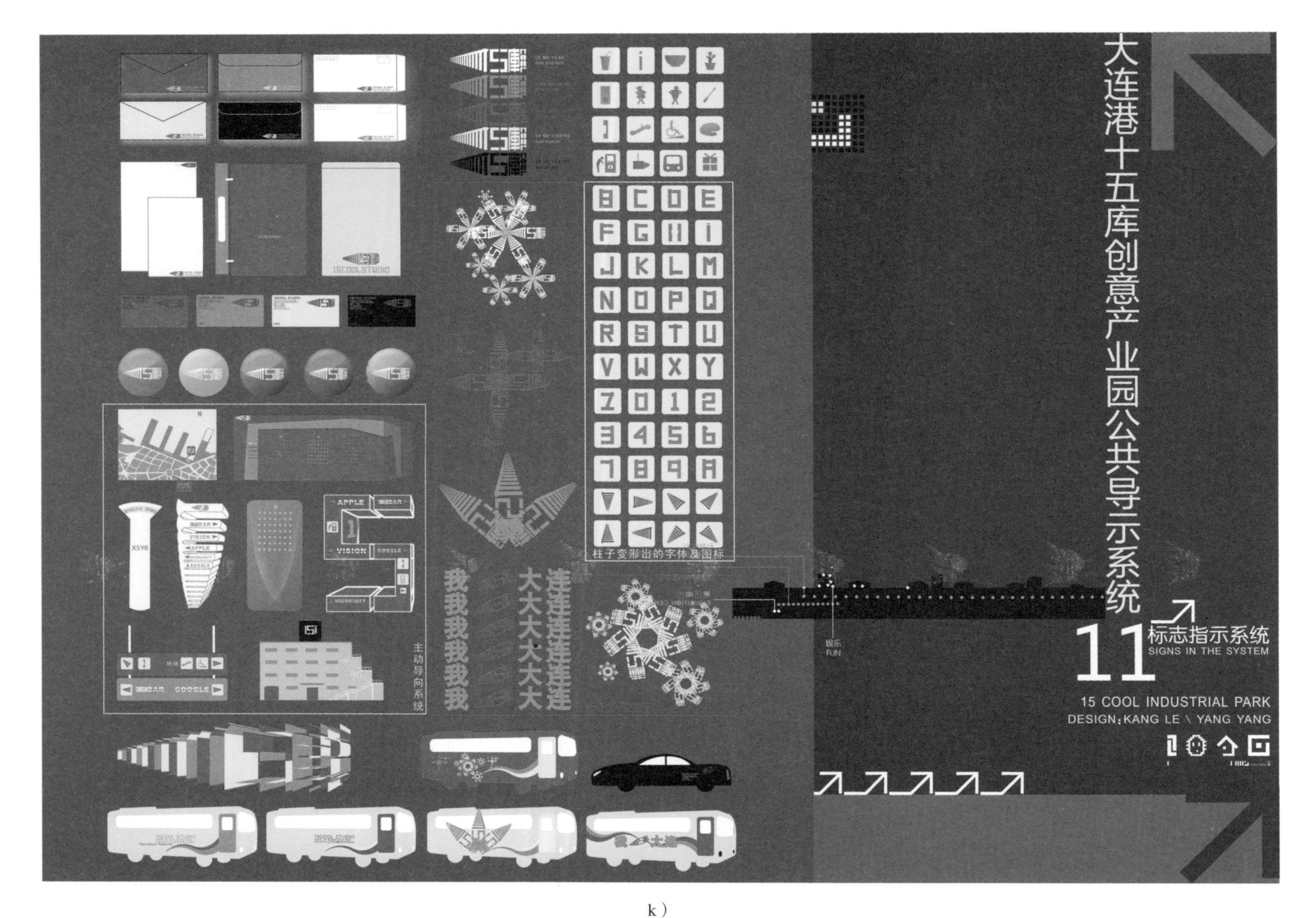

k）

图6-6　大连港十五库创意产业园公共导示系统设计（续）

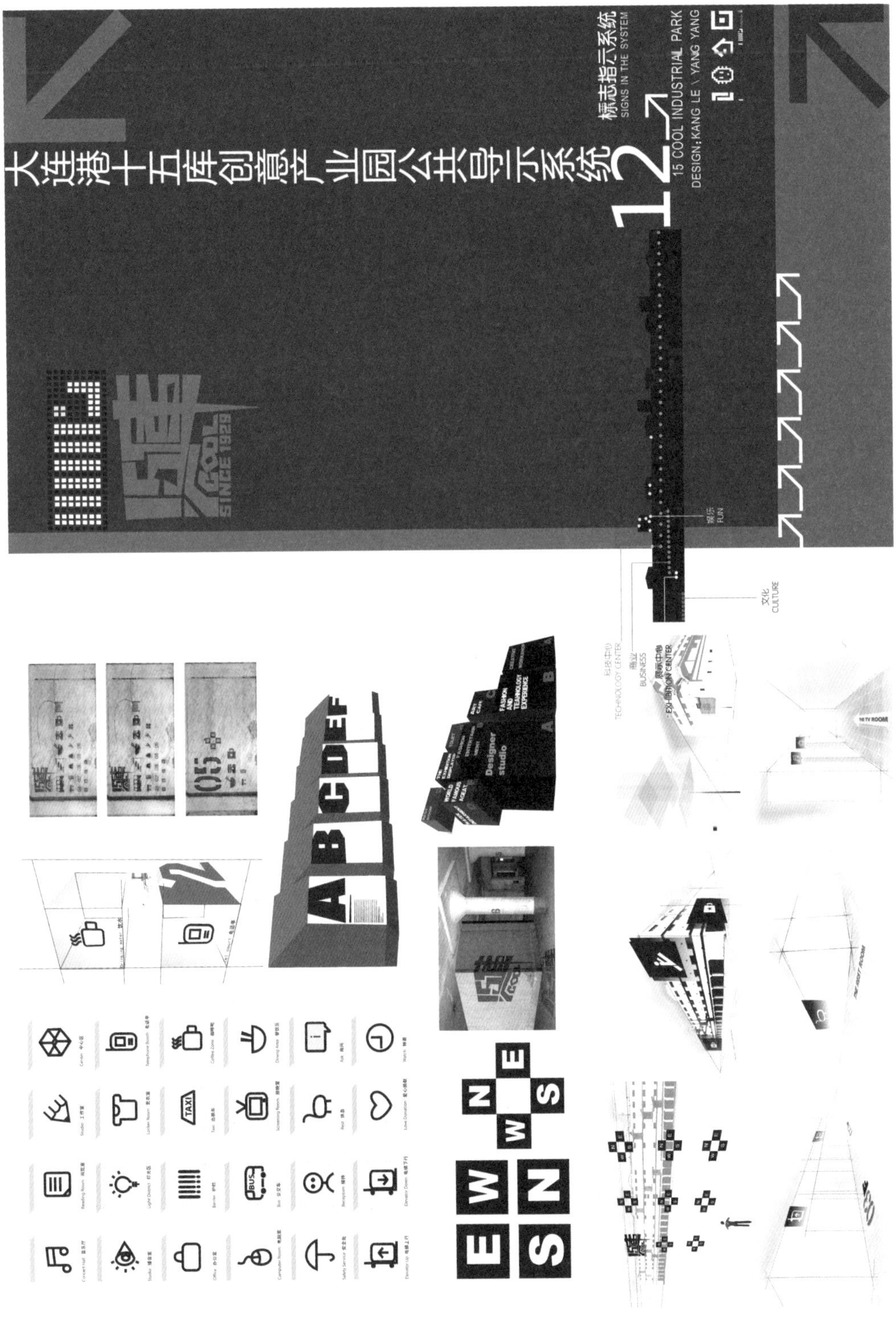

l）

图6-6 大连港十五库创意产业园公共导示系统设计（续）

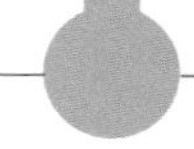

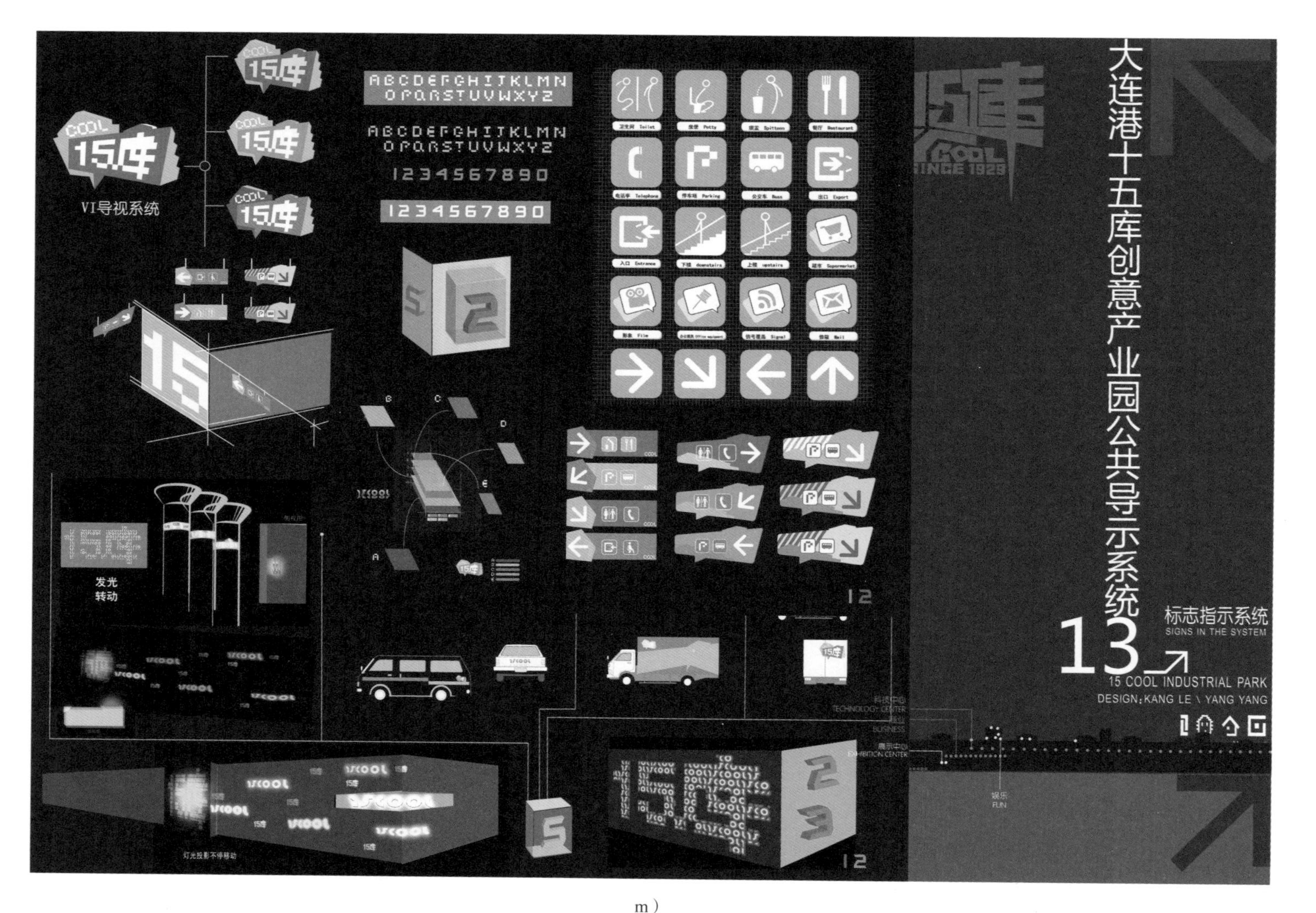

m）

图6-6 大连港十五库创意产业园公共导示系统设计（续）

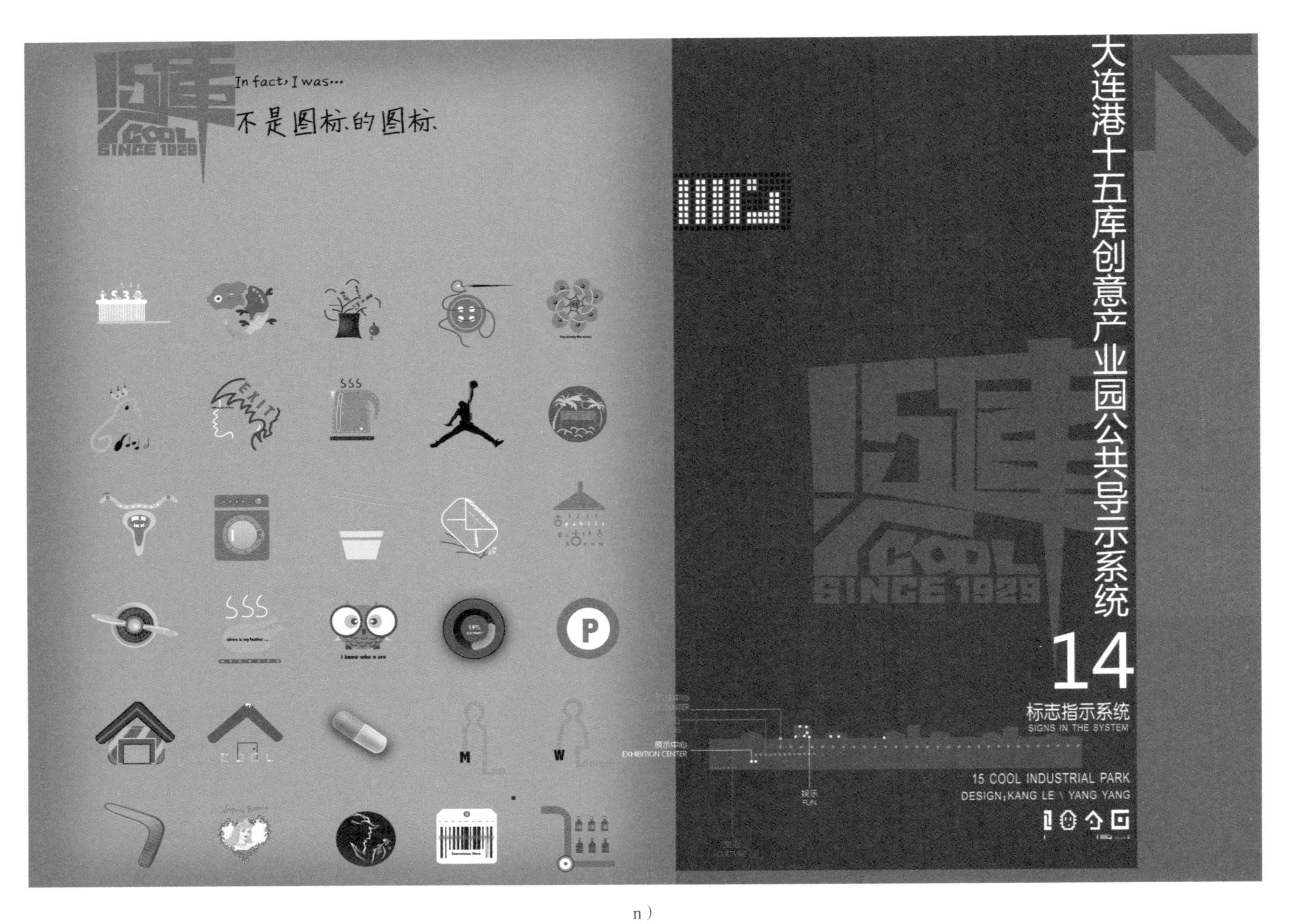

n）

图6-6　大连港十五库创意产业园公共导示系统设计（续）

6.7 大连森林动物园熊猫馆和雨林两栖馆公共导示系统设计

大连森林动物园景区旅游公共导向信息系统的整体规划，依据国家旅游局监督管理司颁布的LB/T 012—2011《城市旅游公共信息导向系统设置原则与要求》，围绕景区总体功能规划，规定了该导向信息系统中各子系统的基本准则，完成了视觉识别系统的设计与物料制作。该导向信息系统结合园区功能属性、场地特征、空间布局和游人的空间行为特征，最终确立了能够流畅清晰地完成信息传达的图形表现系统（图6-7）。

a）

图6-7　大连动物园熊猫馆和雨林两栖馆公共导示系统

b）

图6-7　大连动物园熊猫馆和雨林两栖馆公共导示系统（续）

参考文献

［1］伊恩·诺布尔，拉塞尔·贝斯特利. 视觉设计方法［M］. 刘小林，陈晶，译. 沈阳：辽宁科学技术出版社，2010.

［2］龚晓洁，张剑. 人类行为与社会环境［M］. 济南：山东人民出版社，2011.

［3］陈超萃. 设计认知——设计中的认知科学［M］. 北京：中国建筑工业出版社，2008.

［4］尤尼·利普顿. 信息设计实用指南［M］. 王毅，刘晓麓，译. 上海：上海人民美术出版社，2008.

［5］高桥仪平. 无障碍建筑设计手册［M］. 陶新中，译. 北京：中国建筑工业出版社，2003.

［6］向帆. 导向标识系统设计［M］. 南昌：江西美术出版社，2009.

［7］肖勇，张尤亮，图雅. 信息设计［M］. 武汉：湖北美术出版社，2010.

［8］李志民，王琰. 建筑空间环境与行为［M］. 武汉：华中科技大学出版社，2009.

［9］凯文·林奇. 城市意象［M］. 方益萍，何晓军，译. 北京：华夏出版社，2001.

［10］田中直人，岩田三千子. 标识环境通用设计——规划设计的108个观点［M］. 王宝刚，郭晓明，译. 北京：中国建筑工业出版社，2004.

［11］约·瑟帕玛. 环境美学译丛［M］. 武小西，张宜，译. 长沙：湖南科学技术出版社，2006.

［12］康德. 纯粹理性批判［M］. 邓晓芒，译. 北京：人民出版社，2004.

［13］张明. 打开认识世界的窗口——知觉与错觉［M］. 北京：科学出版社，2004.

［14］陈国海，方华，刘春燕. 组织行为学［M］. 北京：清华大学出版社，2013.

［15］席涛. 信息视觉设计［M］. 上海：上海交通大学出版社，2011.

［16］刘颖，苏巧玲. 医学心理学［M］. 北京：中国华侨出版社，1997.

［17］叶浩生. 心理学史［M］. 2版. 北京：高等教育出版社, 2011.

［18］赵璐，张儒赫，陶然. INFOmedia构筑生活——信息设计与新媒介研究［M］. 北京：人民美术出版社，2015.

［19］宣国富. 转型期中国大城市社会空间结构研究［M］. 南京：东南大学出版社，2010.

［20］《中国信息化城市发展指南》编写组. 中国信息化城市发展指南2012［M］. 北京：经济管理出版社，2012.

［21］任文东，李瑞君，杨静. 室内设计［M］. 北京：中国纺织出版社，2011.

［22］杨治良. 漫谈人类记忆的研究［J］. 心理科学，2011，34（1）：249-250.

［23］黄海燕. 论公共空间标识导引设计的清晰性［J］. 装饰，2009（1）：84-86.

［24］吴琼. 从表现到解读——谈信息图形设计的特征［J］. 装饰，2011（8）：68-70.

［25］吴叶红，田香. 基于寻路行为的地下商业街空间设计初探［J］. 西部人居环境学刊，2015，30（2）：65-70.

[26] 张岚. 色彩在公共交通导向系统设计中的重要作用 [J] . 交通标准化，2008 (10) ：12-16.

[27] 卢石. 北京奥运会场馆设施标识系统研究 [J] . 武汉体育学院学报，2007 (5) :39-42.

[28] 康慧. 基于符号学的城市导向系统的设计研究 [D] . 济南：山东大学，2010.

[29] 赵聪寐. 信息设计中符号学现象初探 [D] . 上海：华东师范大学，2013.

[30] 陈柳钦. 论城市功能 [EB/OL] . 光明网-光明观察. (2009-10-30) [2016-5-23] . http://wenku. baidu. com/view/1812390ef12d2af90242e6e8. html.